Das Realismusproblem in der Quantenmechanik

Lothar Arendes

Das Realismusproblem in der Quantenmechanik

Gibt die Physik Wissen über die Natur?

Bibliografische Information der Deutschen Nationalbibliothek: Die Deutsche Nationalbibliothek verzeichnet diese Publikation in der Deutschen Nationalbibliografie; detaillierte bibliografische Daten sind im Internet über dnb.dnb.de abrufbar.

Lothar Arendes: Das Realismusproblem in der Quantenmechanik. Gibt die Physik Wissen über die Natur?

Veröffentlichung der 1. Auflage 1992

© 2023 Lothar Arendes. Neu formatierte, ein wenig verbesserte 3. Auflage

Herstellung und Verlag: BoD - Books on Demand, Norderstedt
Bild auf Vorderseite von pixabay.com

ISBN: 9783756243365

Das Wort „es gibt“
ist ja ein Wort der menschlichen Sprache
und bezieht sich auf die Wirklichkeit,
wie sie sich in der menschlichen Seele spiegelt;
über eine andere Wirklichkeit kann man nicht sprechen.

Werner Heisenberg

Inhaltsverzeichnis

Geleitwort zur 1. Auflage von Professor Dr. Dr. Gerhard Vollmer

In seinem Büchlein „Probleme der Philosophie" von 1912 schreibt der Philosoph Bertrand Russell über seine Disziplin:

„Man kann ... nicht behaupten, daß die Philosophie bei dem Versuch, definitive Antworten auf ihre Fragen zu finden, sehr erfolgreich gewesen wäre. Wenn man einen Mathematiker, einen Mineralogen oder einen anderen Gelehrten fragt, zu welchem Bestand an Wahrheiten es seine Wissenschaft gebracht habe, wird seine Antwort mit Leichtigkeit so lange dauern, wie wir ihm zuhören wollen. Aber wenn man dieselbe Frage einem Philosophen stellt, wird er – wenn er offen und ehrlich ist – zugeben müssen, daß man hier zu keinen positiven Resultaten, die mit denen anderer Wissenschaften vergleichbar wären, gekommen ist. Zum Teil erklärt sich das aus dem Umstand, daß man einen Gegenstand nicht mehr zur Philosophie zählt, sobald definitive Erkenntnisse über ihn möglich werden; es bildet sich dann in der Regel eine neue und selbständige wissenschaftliche Disziplin."

Es ist nicht schwierig, für Russells These Beispiele anzugeben. Hier mag es genügen, die Titel dreier epochemachender Werke zu nennen. Isaac Newtons Hauptwerk von 1687 trägt den Titel „Philosophiae naturalis principia mathematica"; John Dalton veröffentlicht 1808 „A new system of chemical philosophy"; und 1809 erscheint Jean-Baptiste de Lamarcks „Philosophie zoologique". Studiert man die Geschichte der Naturwissenschaften näher, so wird man leicht feststellen, dass gerade diese „philosophischen" Bücher entscheidend zum Entstehen von

Physik, *Chemie* und *Biologie* als neuzeitliche Naturwissenschaften beigetragen haben. Mit Ausnahme von Mathematik und Astronomie sind letztlich sogar *alle* Erfahrungswissenschaften aus der Philosophie hervorgegangen.

Dieser Prozess hält durchaus noch an. In unserem Jahrhundert war es zunächst die *Kosmologie*, die – 1917 durch Einsteins Allgemeine Relativitätstheorie – zu einer wissenschaftlichen Disziplin wurde. Seit der Jahrhundertmitte, insbesondere aber seit Gamows Urknalltheorie, ist die Entstehung unseres Universums, die *Kosmogenese*, Gegenstand naturwissenschaftlicher Forschung, und seit der richtungweisenden Arbeit von Manfred Eigen 1971 auch die Entstehung des Lebens, die *Biogenese*. Im Augenblick erleben wir das Werden einer Theorie der *Selbstorganisation*, zu der etwa Kybernetik, Synergetik, nichtlineare Thermodynamik, Chaosforschung, Evolutions- und Optimierungsstrategien oder Komplexitätstheorie ihrerseits nur Teilgebiete sein werden. Und im nächsten Jahrhundert dürften die *Neurowissenschaften* weitere Probleme aus der Philosophie „übernehmen", insbesondere solche, die mit Kognition, mit Willensfreiheit oder mit dem Leib-Seele-Problem zu tun haben.

Das Werden einer neuen Disziplin ist dabei regelmäßig von Geburtswehen begleitet. Es ist immer überraschend, wenn eine Fragestellung, die auf der begrifflichen, der reflexiven, der Interpretationsebene angesiedelt zu sein scheint, der experimentellen Erfahrung zugänglich wird. 2500 Jahre hatte man über die Existenz und über die Eigenschaften von *Atomen* diskutiert; durch Boltzmann und Einstein wurden sie zu konkreten Forschungsobjekten, und inzwischen macht man einzelne Atome „sichtbar". Auguste Comte meint noch 1835, die chemische Zusammensetzung der *Sterne* sei unergründbar und deshalb wissenschaftlich sinnlos; doch dank der Spektralanalyse wissen wir heute über das Innere der Sterne sogar besser Bescheid als über das Innere der Erde. *Gene* waren zunächst etwas rein Begriffliches, Abstraktes, „Theoretisches"; jetzt studieren wir sie im Mikroskop oder in der Computersimulation.

Ähnliches ist nun auch mit dem *Realismusproblem* passiert. Es geht dabei um die Frage, ob es eine von Menschen unabhängige Welt gibt und ob und inwieweit wir diese Welt erkennen können. Es gibt dabei zwei grundsätzlich verschiedene Strategien, die sich durch die Schlagworte „so viel Realismus wie möglich" bzw. „so viel Realismus wie nötig" charakterisieren lassen, die letztlich jedoch ein ganzes Spektrum von möglichen Positionen aufspannen.

Auch hier schien es sich zunächst um „rein philosophische" Fragen zu handeln, um Fragen der Deutung, der Interpretation, des persönlichen Standpunktes, vielleicht sogar des Geschmacks. Aber auch da hat sich herausgestellt, dass die ursprünglich rein „theoretische" Problematik wenigstens teilweise einer empirischen Überprüfung und Entscheidung zugänglich ist. Dabei ist es vor allem die Quantenmechanik, die den herkömmlichen Realismus in Frage stellt.

Es leuchtet unmittelbar ein, dass es sich hier um ein besonders kompliziertes Problem handelt. Zum einen ist die Realismusproblematik uralt: Genau genommen beginnt sie schon dann, wenn jemand glaubt, sich getäuscht zu haben, und sich nun fragt, wie man denn Wahr und Falsch, Wirklichkeit und Schein, Erkenntnis und Irrtum auseinanderhalten könne. Aber erst wenn über diese Frage *diskutiert* wird, wird sie philosophisch relevant, und dieser Zeitpunkt fällt eben mit der Vorsokratik zusammen und damit – keineswegs zufällig – auch mit dem Aufkommen der Atomtheorie.

Nun gibt es – nach einem eher boshaft gemeinten Diktum – kein Problem, das sich nicht durch philosophische Diskussionen vertiefen ließe. Tatsächlich ist die Realismusproblematik in den letzten zweieinhalb Jahrtausenden nicht einfacher, sondern immer nur komplizierter geworden.

Zum anderen ist gerade die Quantentheorie eine recht komplizierte Theorie. Das gilt für ihre Begrifflichkeit, die sich sehr weit von der Alltagssprache und auch von der Sprache der klassischen Physik entfernt; es gilt für ihre Gesetze, die sich nur noch in mathematischer Sprache formulieren lassen (weil unser Anschauungs- und Vorstellungsvermögen uns da verlässt); es gilt für die zugrunde liegenden Beobachtungen an Molekülen, Atomen und Atomkernen, die unserer unmittelbaren Anschauung ebenso entzogen sind; und es gilt für ihre Deutungen, die schon seit 66 Jahren umstritten sind. Selbst der Physiker Richard Feynman meint, die Quantenmechanik könne eigentlich niemand so recht verstehen.

Wenn nun wie hier eine so komplizierte Theorie für ein so schwieriges Problem relevant wird, dann wird man nicht erwarten, dass diese Beziehung sich ihrerseits durch besondere Einfachheit oder Einsichtigkeit auszeichnet. Kein Wunder, dass auf diesem Gebiet viel Verwirrung herrscht. Nur wer die philosophische wie die physikalische Seite der Problematik durchschaut, kann hier weiterhelfen.

Es ist deshalb besonders verdienstvoll, dass Lothar Arendes sich dieser Problematik angenommen hat. Er hat Psychologie, Philosophie und Physik studiert und ist deshalb wie nur wenige geeignet, durch jenes philosophisch-physikalische Labyrinth einen Ariadnefaden zu legen. Wer bereit ist, diesem Faden zu folgen, der wird das vorliegende Buch mit Gewinn lesen.

Nach einer dankenswert klaren Entfaltung der Begrifflichkeit in Kapitel 1 führt er uns in Kapitel 2 in die herkömmliche Realismusproblematik ein, die ja auch ohne Quantenmechanik schon vielschichtig genug ist. Kapitel 3 zeigt dann folgerichtig, welche *besonderen* Probleme dem Realisten in der Quantenmechanik begegnen. Diese Probleme sind so schwerwiegend, dass – wie Kapitel 4 zeigt – viele Forscher es vorziehen, antirealistische Standpunkte einzunehmen. Solche Standpunkte sind zwar bequem, wenn es darum geht, die Quantenmechanik praktisch anzuwenden; sie sind jedoch in anderen Hinsichten sehr unbefriedigend. Es ist deshalb wichtig zu wissen bzw. aus Kapitel 5 zu lernen, dass auch realistische Interpretationen der Quantenmechanik möglich sind und vertreten werden. Der Autor verschweigt allerdings nicht, dass keine von ihnen alle unsere Ansprüche befriedigen kann.

Das Fazit dieser Überlegungen zieht Kapitel 6: Dass es außerhalb unseres Bewusstseins etwas gibt, kann man nicht sinnvoll anzweifeln; auch die Quantenmechanik zwingt uns nicht, diese Annahme aufzugeben. Eine uneingeschränkt realistische Deutung der Quantenmechanik, wie sie etwa Einstein vorschwebte, ist allerdings ebenfalls unmöglich. Will man sich nicht auf eine zukünftige Physik vertrösten lassen, von der im Übrigen niemand sagen kann, wie sie aussehen soll, so wird man den *herkömmlichen Realismus aufgeben* müssen.

Trotzdem braucht man nicht zum Instrumentalisten zu werden, der jeden Anspruch auf Weltbeschreibung aufgibt. Zwar ist das Spektrum der Möglichkeiten zwischen „so viel Realismus wie möglich" und „so viel Realismus wie nötig" durch die Quantenmechanik beschnitten worden; aber es ist nicht zum instrumentalistischen Extrem als einzigem Ausweg entartet.

In welche Richtung die weitere Suche führen könnte, dazu macht Kapitel 6 ebenfalls einige bemerkenswerte Vorschläge. Sie lassen uns hoffen, dass auch die Realismusproblematik eines Tages zu den gelösten Problemen und damit nicht mehr zur Philosophie gehören könnte.

Es ist sicher kein Zufall, dass diese interdisziplinäre Arbeit am Zentrum für Philosophie und Grundlagen der Wissenschaften der Justus-Liebig-Universität Gießen entstanden ist. Hier arbeiten Natur- und Geisteswissenschaftler mit Philosophen eng zusammen; gerade für Arbeiten „zwischen den Stühlen" ist da der rechte Platz. Dass Lothar Arendes diese Vielseitigkeit sogar in seiner Person verkörpert, ist dabei ein besonderer Glücksfall.

Gerhard Vollmer

1. Charakterisierung grundlegender Begriffe

Die meisten Naturwissenschaftler postulieren eine vom menschlichen Bewusstsein unabhängig existierende Welt, über welche sie mittels experimentell getesteter Theorien objektive Erkenntnisse zu geben beanspruchen. Mit diesem realistischen Verständnis von Theorien steht man in der Quantenmechanik (QM) zahlreichen Problemen gegenüber, aber auch unabhängig von quantenmechanischen Argumenten und aus einer grundsätzlichen Position heraus wird dieses realistische Verständnis von Theorien geleugnet von den Instrumentalisten. Für den Instrumentalisten sind alle Theorien nur ökonomische Zusammenfassungen vergangener Beobachtungen und Instrumente zur Vorhersage neuer Ereignisse. Theorien sind danach lediglich „Daten zusammenfassende und verarbeitende Werkzeuge, die Informationen sammeln, Voraussagen machen und dabei funktionieren wie eine Mühle, bei der man nur das Korn und das Mehl zu Gesicht bekommt, vom gesamten Mechanismus des Mahlens aber nichts wissen kann“ (Kanitscheider, 1979, 35). Da für den Instrumentalisten theoretische Terme (z.B. Elektronen: e^-) generell nicht referenziell gedeutet werden können, sich also nicht auf reale Objekte beziehen, gibt es für ihn auch kein spezielles quantenmechanisches Realismusproblem. Im Rahmen dieser Arbeit soll die Haltung eingenommen werden, dass es sinnvoll ist, Theorien im Allgemeinen realistisch zu deuten, was im 2. Kapitel ausführlicher erläutert wird, und das Ziel dieser Arbeit ist zu untersuchen, ob dies trotz der QM noch möglich ist.

Das Realismusproblem ist ein vielseitiges Problem, da man unter Realismus mehrere Positionen verstehen kann und man in der QM auf mehrere Schwierigkeiten stößt. Nach der Charakterisierung einiger wichtiger Grundbegriffe in diesem Kapitel und nach einer im zweiten Kapitel gegebenen kurzen Diskussion der Realismusproblematik, wie sie sich allgemein, also ohne die QM stellt, soll im 3. Kapitel ausführlich dargestellt werden, auf welche Probleme ein Realist in der QM stößt und welches die wichtigsten antirealistischen Standpunkte sind. Im 4. Kapitel werden zentrale Thesen einiger antirealistischer Interpreten und im 5. Kapitel werden einige realistische Interpretationen kritisch betrachtet. Im letzten Kapitel wird die Frage behandelt, ob der Realismus angesichts der QM aufgegeben werden muss.

Es sollen nun ein paar Begriffe charakterisiert werden. Der Realismus enthält zwei Komponenten: Die ontologische Komponente behauptet die Existenz einer Welt, und die erkenntnistheoretische Komponente behauptet ihre (teilweise) Erkennbarkeit; d.h. der erkenntnistheoretische Realist behauptet, dass zumindest einige Objekte unserer Erkenntnis tatsächlich reale Objekte repräsentieren (z.B. Steine, Planeten und vielleicht Atome). Bei beiden Komponenten kann man eine Vielzahl von Positionen unterscheiden; es gibt also nicht „den" Realismus, sondern eine ganze Familie von Realismen. Als die stärkste Form von ontologischem Realismus betrachte ich folgenden Standpunkt:

„<u>Unabhängig vom erkennenden Subjekt</u> existiert eine Welt, und <u>alle</u> ihre Eigenschaften sind von <u>Bewusstsein</u> und <u>Wahrnehmung</u> unabhängig. Diese Welt ist <u>nichts Geistiges</u>, und sie ist <u>raumzeitlicher Natur</u>."

Diese extreme Position kann dadurch abgeschwächt werden, dass die einfach unterstrichenen Elemente ganz oder teilweise aufgegeben werden. Wird dagegen der doppelt unterstrichene Teil aufgegeben, so liegt kein Realismus mehr vor. Eine Position, die ich als subjektiven Idealismus bezeichne, negiert die Existenz einer Welt unabhängig vom erkennenden Subjekt:

„Die Welt ist nur das erkennende Subjekt."

Ein außerhalb des Bewusstseins liegendes Unterbewusstsein des erkennenden Subjektes als eine reale Welt zu bezeichnen, würde den Begriff Realismus wohl zu sehr aushöhlen, so dass ich die noch stärkere antirealistische Form **„Die Welt ist nur das Bewusstsein des erkennenden Subjektes."** für ungeeignet halte, den Realismus abzugrenzen. Den objektiven Idealismus, wonach es eine vom erkennenden Subjekt unabhängige Welt gibt, die aber selbst etwas Geistiges ist, betrachte ich noch als eine schwache Form von ontologischem Realismus.[1]

Als die stärkste Form von erkenntnistheoretischem Realismus betrachte ich folgenden Standpunkt:

„_Alle_ Bereiche der Welt des ontologischen Realisten sind prinzipiell _vollständig_ erkennbar, wie sie _unabhängig vom Erkenntnisakt_ sind."

Diese starke Form kann abgeschwächt werden durch Aufgeben der einfach unterstrichenen Elemente. Gibt man den doppelt unterstrichenen Teil auf, erkennt man die Welt also nur, wie sie sich uns im Erkenntnisakt zeigt, ohne auch außerhalb dieses Vorganges so zu sein, dann spreche ich nicht mehr von erkenntnistheoretischem Realismus. Erkennt man die Welt nur, wie sie sich im Erkenntnisakt zeigt, so läge es nahe, eine schwache Form von Objektivität zu definieren. Danach wäre die Erkenntnis in dem Sinne objektiv, dass alle erkennenden Subjekte zum gleichen Ergebnis gelangen. Da es aber gemeinsame Irrtümer, kollektive Halluzinationen, Massenpsychosen und Sinnestäuschungen gibt, kann Intersubjektivität kein hinreichendes Wahrheitskriterium sein. Eine Aussage betrachte ich nur dann als eine objektive Erkenntnis, wenn sie wirklichkeitsbezogen (also bezogen auf reale Prozesse oder auf psychische Prozesse im erkennenden Subjekt) und wahr ist. Unter der Wahrheit einer Aussage verstehe ich ihre Übereinstimmung mit der Wirklichkeit. Mit dieser Korrespondenztheorie bzw. Korrespondenzdefinition der Wahrheit verbinde ich aber noch keine Aussage darüber, ob

---

[1] Hervorzuheben ist, dass man „Realismus" auch anders definieren kann (z.B. den objektiven Idealismus als Antirealismus), so dass man immer auf die Realismusdefinition Acht geben muss, wenn ein Autor den Realismus leugnet.

wir wahre Aussagen besitzen. Argumente oder Kriterien für die Wahrheit einer Aussage werden wir im nächsten Kapitel besprechen. Die Korrespondenztheorie der Wahrheit können Realisten und Antirealisten akzeptieren, auch wenn die Letzteren der Meinung sind, dass es keine wahren Sätze über die Welt gebe.

Innerhalb der Realismusproblematik muss man mehrere Bereiche und Fragestellungen unterscheiden:

a) Die ontologische gegenüber der erkenntnistheoretischen Komponente. Auf diese Unterscheidung wurde bereits eingegangen.

b) Die Beeinträchtigung objektiver Erkenntnis durch unsere subjektiven Erkenntnisstrukturen gegenüber der Beeinträchtigung durch physikalische unkontrollierbare Veränderungen der Welt im Erkenntnisakt. Erkenntnistheoretische Antirealisten könnten versuchen, ihren Standpunkt folgendermaßen zu begründen: Es gibt vielleicht eine reale Welt, aber wir erkennen sie nicht objektiv, weil unsere „Erkenntnisse" nicht (nur) von dieser realen Welt bestimmt werden, sondern (auch) von unseren subjektiven Denkstrukturen (so dass wir nicht unterscheiden können, welche Elemente unserer Erkenntnis objektiv gültig sind). Demgegenüber wäre eine andere Strategie des Antirealisten: Die Welt wird während der Beobachtung physikalisch verändert, die Art dieser Veränderung kennen wir jedoch nicht, so dass wir die Welt grundsätzlich nur so erkennen, wie sie sich im Erkenntnisakt zeigt.

c) Diese physikalische unkontrollierbare Veränderung während der Beobachtung könnte durch das Bewusstsein (Psychokinese) oder auch durch das Messgerät (z.B. durch die Sinnesorgane) erfolgen.

d) Zu unterscheiden ist zwischen Mikro-, Meso- und Makrokosmos. Eine Unerkennbarkeit der Welt könnte auf extreme Größenordnungen beschränkt sein.

e) Dasselbe könnte für hohe Komplexitätsgrade gelten.

f) Zu unterscheiden ist zwischen Wahrnehmungs-, Erfahrungs- und Wissenschaftserkenntnis. Der wissenschaftliche Antirealist mag die Gültigkeit der Erfahrungserkenntnis bejahen, er bestreitet aber, dass wir mit Hilfe wissenschaftlicher Theorien die Welt erkennen können. Für den Instrumentalisten haben theoretische Terme keine realen Bezugsobjekte.

Der erkenntnistheoretische Realismus setzt den ontologischen Realismus voraus, weshalb ich manchmal einfach nur vom „Realismus" sprechen werde, wenn ich den erkenntnistheoretischen meine. Spreche ich ausdrücklich vom „erkenntnistheoretischen Realismus", so will ich dadurch die Komponente der objektiven Erkenntnis hervorheben. Sage ich, dass jemand den erkenntnistheoretischen Realismus ablehne, so ist erst einmal nur gemeint, dass er die Erkennbarkeit der Welt ablehne, ohne auch sogleich ihre Existenz zu leugnen.

2. Realismusprobleme außerhalb der Quantenmechanik

Die Bedeutung der QM für das Realismusproblem ist verknüpft mit der Frage, inwieweit die Wissenschaft überhaupt Anspruch auf objektive Erkenntnis erheben kann. Die Begründung von Wissenschaftserkenntnis kann jedoch nicht durch eine empirische Wissenschaft geleistet werden, da sie ja gerade auf dem Prüfstand steht. Aus diesem Grund ist es unumgänglich, den Realismus vor einer quantenmechanischen Diskussion „rein" philosophisch zu behandeln. Ein weiteres Motiv dafür, eine physikalische Theorie nicht isoliert zu betrachten, ist, dass schon in die Theorienkonstruktion metaphysische Grundeinstellungen eingehen können, die womöglich unhinterfragt angenommen wurden. So setzen wohl die meisten Wissenschaftler voraus, dass eine reale Welt existiert. Demgegenüber nahm Heisenberg bei seiner Konstruktion der QM eine sehr empiristische Haltung ein, wonach nur beobachtbare Größen in die Theorie aufgenommen werden sollten. Und er vermutete schon vor der QM in ihrer heutigen Fassung, dass „die Elektronen ... offenbar keine Dinge mehr" seien, „jedenfalls keine Dinge im Sinne der früheren Physik" (Heisenberg, 1985, 55). Da bei der Theorienkonstruktion oft zum Schluss nur das herauskommt, was in die Heuristik hineingesteckt wurde, ist es nötig, den Realismus vorerst unabhängig von der QM zu besprechen.

Ich betrachte aber eine rein philosophische Argumentation (ohne Rückgriff auf wissenschaftliche Erkenntnisse) einer Argumentation mit erfahrungswissenschaftlichen Informationen nicht vorangelagert in dem Sinne, dass, wenn die erstere zu einem anderen Ergebnis führt als die letztere, die Philosophie die größere Autorität besäße. Falls empirisches Wissen nicht völlig falsch ist, so lehrt uns die Denkpsychologie, dass jedes Denken empirisches Wissen enthält, da die meisten Begriffe und Denkstrukturen sich durch die Erfahrung der Umwelt entwickeln. Jegliches Denken, auch das des Transzendentalphilosophen, enthält dann Faktenwissen, welches falsch sein kann.

In der Wahl der grundlegenden Begriffe sind Wissenschaftler weitgehend frei und nicht auf die Umgangssprache angewiesen, so dass in der Wissenschaft Begriffssysteme entwickelt werden können, die sich von der Umgangssprache und von der philosophischen Sprache unterscheiden. Natürlich ist der Startpunkt der wissenschaftlichen Forschung die Umgangssprache, und die Wissenschaftssprache enthält deshalb Elemente dieser Sprache. Von dieser Basis kann die Wissenschaft sich aber immer mehr entfernen, genauso wie wissenschaftliche Terme in die Umgangssprache eingehen können. Es handelt sich hierbei um einen Rückkopplungsprozess. Welche Begriffe nützlich sind, muss sich erst in der Anwendung herausstellen, und begriffliche Probleme stellen sich immer nur innerhalb eines Begriffssystems. Probleme eines bestimmten Begriffssystems und Argumente für oder gegen eine Position existieren unter Umständen in einem anderen System gar nicht. Auch aus diesem Grund kann die Philosophie keine unfehlbare Richterin für wissenschaftliche Theorien sein. Kommt es zwischen philosophischen und einzelwissenschaftlichen Argumentationen zu Widersprüchen, so muss jeweils im Einzelfall entschieden werden, auf welcher Seite der Fehler liegt.

Da man der Physik oder überhaupt den Einzelwissenschaften durch die Betrachtung einer einzigen Theorie nicht gerecht werden kann, sind in der Realismusdebatte neben einer rein philosophischen Behandlung auch physikalische Argumente außerhalb der QM und Ergebnisse der Biologie, Psychologie usw. zu beachten.

Es wird vermutlich nie möglich sein, eine Realismusposition absolut zu begründen. Dennoch ist möglich, dass einige Plausibilitätsüberlegungen einen realistischen Standpunkt nahelegen können. Um bei der Argumentation nicht schon von vornherein in den Prämissen eine realistische Position vorauszusetzen, ist es nötig beim Sicheren zu beginnen, also möglichst entfernt vom realistischen Faktenwissen, und das bedeutet, bei der Phänomenologie zu beginnen.

Mit Phänomenologie ist hier gemeint, dass man sich darauf beschränkt nur zu beschreiben, was man in seinem Bewusstsein erlebt, ohne Vermutungen darüber anzustellen, ob die erlebten Bewusstseinsphänomene reale Objekte einer Außenwelt repräsentieren. Was meinen wir, wenn wir von Bewusstsein sprechen? Es ist derjenige Zustand, der eintritt, wenn wir aus dem Schlaf erwachen oder aus einer Ohnmacht kommen. Der Einfachheit halber wollen wir uns zunächst auf das visuelle Bewusstsein beschränken. Mit dem visuellen Bewusstsein ist all das gemeint, was wir in unserem phänomenologischen visuellen Wahrnehmungsfeld erleben, also ständig wechselnde Muster von Farben und Helligkeiten und deren Deutung als Außenwelt. Wohlgemerkt kommt es hier nur auf die psychischen Qualitäten der Farberlebung und der Deutungserlebung an, nicht jedoch, ob diese Deutung wahr ist und ob diese Farben in uns ausgelöst werden z.B. durch elektromagnetische Wellen, die auf uns einwirken. Dass diese Farbmuster reale Objekte der Außenwelt repräsentieren und im Sinne der klassischen Physik durch verschiedene Wellenlängen in uns hervorgerufen werden, ist bereits eine hypothetische Annahme. Dass diese Farbmuster zusammen mit der erlebten Deutung als reale Objekte tatsächlich primär nur unsere eigene Psyche sind, kann man sich schnell vergegenwärtigen, indem man mit dem Finger seitlich auf einen Augapfel drückt: Dies führt zur Verdopplung aller Erlebnisobjekte. In unserem visuellen Bewusstseinsfeld erleben wir also ein Muster von Farben verschiedener Helligkeiten, und wir erleben gleichzeitig die Deutung dieser Farbmuster als unabhängig von uns existierende Objekte. Eine Sonne wird nicht nur als „gelbe Scheibe" erlebt, sondern als ein reales Objekt, als Sonne gedeutet. Ob unserem phänomenalen Raum mit seinen Objekten in einer vermuteten Außenwelt etwas Reales zugeordnet ist, das ist das zentrale erkenntnistheoretische Problem.

Es stellt sich nun die Frage, wie diese Bewusstseinsphänomene entstehen. Erscheinungen wie die Ohnmacht und der Schlaf- und Wach-Rhythmus, also das regelmäßige Verschwinden und Wiederkehren des Bewusstseins, lassen kaum einen Zweifel daran, dass unser Bewusstsein von etwas anderem abhängt, dass es also etwas außerhalb unseres Bewusstseins gibt. In die gleiche Richtung zielt die phänomenologische Tatsache, dass es innerhalb unserer Erscheinungswelt eine Zahl von invarianten Mustern, Konstanzphänomenen, Regularitäten, Konkordanzen von Prozessen in verschiedenen Erfahrungsbereichen gibt, die es als vernünftig erscheinen lassen, die ontologische Hypothese zu wagen, dass diese gleichbleibenden Muster durch eine permanente, hinter den Erscheinungen liegende Welt verursacht werden und dass „die Veränderungen, deren Regularitäten wir feststellen, auf objektive Strukturen transphänomenaler Provenienz zurückgehen" (Kanitscheider, 1987b, 53).

Diese hinter den Erscheinungen liegende Welt kann nun das Unterbewusstsein des erkennenden Subjektes des subjektiven Idealismus oder die Welt des ontologischen Realismus sein. Im Bewusstsein erleben wir ein phänomenologisches Wahrnehmungsfeld, und es stellt sich die Frage, ob die Qualitäten dieses psychischen Feldes, von dem wir einige Teile unwillkürlich als reale Objekte interpretieren, tatsächlich mit der außerhalb des Bewusstseins existierenden Welt in einem derartigen Zusammenhang stehen, dass wir die Vermutung wagen können, dass die phänomenologischen Erlebnisse uns Informationen geben können über die Art dieser Welt. Beobachten wir unser phänomenologisches Wahrnehmungsfeld genauer, so stellen wir interessante Korrelationen fest zwischen Veränderungen innerhalb dieses Feldes und anderen Empfindungen. Wir erleben z.B. im Wahrnehmungsfeld Qualitäten, die wir als „Mund" zu bezeichnen gelernt haben. Andere Qualitäten lernten wir als „Nahrung" zu bezeichnen. Es liegt in unserer Willkür, die Nahrungsqualitäten in unserem Wahrnehmungsfeld so zu verschieben, dass sie bei der Mundqualität verschwinden, was dann das interessante Ergebnis nach sich zieht, dass dadurch auch ganz andere Qualitäten, z.B. Hunger- und Durstempfindungen, beeinflusst werden. Äußerst verwunderlich ist aber auch, dass wir diese Nahrungsqualitäten im Wahrnehmungsfeld nicht rein willkürlich entstehen lassen können. Das Entstehen von

Qualitäten im Wahrnehmungsfeld hängt von bestimmten Bedingungen ab. Bleiben diese längere Zeit aus, so dass wir z.B. Nahrungsqualitäten bei der Mundqualität über längere Zeit hinweg nicht zum Verschwinden bringen können, so kann es passieren, dass unser Bewusstsein endgültig entschwindet. Dass wir unsere Erlebnisqualitäten nicht willkürlich entstehen lassen können, ist ein starkes Indiz dafür, dass ihre Entstehung von etwas außerhalb von uns abhängt, so dass wir vielleicht durch sie Aufschlüsse bekommen über Strukturen der Außenwelt. Wir haben gelernt, einzelne visuelle Wahrnehmungsqualitäten (z.B. verschiedene Nahrungsmittelqualitäten) anhand struktureller Besonderheiten zu unterscheiden, und wir können dadurch gezielt bestimmte andere Empfindungen (z.B. verschiedene Geschmacksempfindungen: süß, sauer, salzig usw.) hervorrufen. Viele ähnliche Fähigkeiten lassen die Annahme vernünftig erscheinen, dass wir tatsächlich mittels der Wahrnehmungsobjekte Strukturen der äußeren Welt zumindest teilweise erkennen. Dass man diese Annahme nicht vorschnell und im Sinne einer genauen spiegelbildlichen Abbildung deuten darf, belegt das Phänomen des Traumes. Im Schlaf kann man eine Person erträumen, die die gleichen Korrelationen besitzt. In diesem Fall ist man weniger geneigt, die Ursachen der Entstehung der Wahrnehmungsqualitäten einer Außenwelt zuzuschreiben; sie liegen vollständig in der Person. Dies führt zu der Möglichkeit, dass auch bei der normalen Wahrnehmung die genaue Gestalt der Wahrnehmungsqualitäten nicht nur von der äußeren Welt abhängt, sondern vom erkennenden Subjekt mitbestimmt wird. Prinzipiell ist es sogar möglich, dass unsere gesamte Wirklichkeit lediglich der Traum oder die Phantasie eines einsamen Dämons ist. Für die Annahme, dass wir mittels der Wahrnehmungsphänomene einige Strukturen der Außenwelt erkennen, kann man aber noch eine pragmatische Begründung anführen. Gesetzt den Fall, wir glaubten an unsere Wahrnehmungserkenntnis und richteten unser Handeln danach, obwohl sie völlig falsch wäre, so würde uns durch diesen Glauben kein großer Nachteil entstehen; alles könnte so weiter gehen wie bisher. Aber gesetzt den Fall, unsere Wahrnehmungserkenntnis wäre tatsächlich teilweise richtig, aber wir glaubten nicht daran und richteten unser Handeln nicht danach, so könnte dieser Irrtum tödlich ausgehen – zum Beispiel wenn ein Lastwagen auf uns zurollte und wir nicht zur Seite sprängen, weil unsere Erscheinungen vermeintlich doch nur Lug und Trug seien.

Letzten Endes muss also die (teilweise) Gültigkeit der Wahrnehmungserkenntnis aus pragmatischen Gründen – also ohne eine wirkliche erkenntnistheoretische Begründung – gesetzt werden. Von einem voll-
kommenen erkenntnistheoretischen Antirealisten kann man jedoch insofern Konsistenz in Glauben und Handeln verlangen, als dass er beim
Anblick eines Lastwagens keinerlei Grund hätte, zur Seite zu springen,
sondern er einfach nur die Augen zu schließen brauchte – wenn überhaupt, denn auch sein Tod wäre ja letztlich nur Schein. Letzten Endes
hat jemand, der alle Wahrnehmung für Täuschung hält, keinen Anlass,
irgendjemanden vom Antirealismus zu überzeugen, denn auch von der
Existenz anderer Personen und Meinungen weiß er nur durch die Wahrnehmung.

Dass wir mit der Wahrnehmungserkenntnis Strukturen der Außenwelt
erkennen, wird heute nur von wenigen Philosophen bestritten. (Demgegenüber war Kant erkenntnistheoretischer Antirealist und ontologischer
Realist.) Der heutige Streit, insbesondere innerhalb der QM, geht um
die Wissenschaftserkenntnis. Wenn ich also im Folgenden vom Antirealismus spreche, so ist dieser im Allgemeinen auf die Wissenschaftserkenntnis bezogen. Die strittigen Fragen lauten hierbei: Sind wissenschaftliche Theorien objektiv gültige Aussagen über die Welt? Können
wir mittels der Wissenschaftserkenntnis Strukturen der Welt besser erkennen als durch die Wahrnehmungs- und Erfahrungserkenntnis?

Ich habe die Wahrnehmungserkenntnis so ausführlich behandelt, weil
der Realist für seine Begründung der Wissenschaftserkenntnis, etwa im
experimentellen Test, auf die Wahrnehmungserkenntnis zurückgreift
und demjenigen, der bezüglich der Wahrnehmung Realist, bei der Wissenschaft jedoch Antirealist ist, einen willkürlichen erkenntnistheoretischen Bruch vorwirft. Der Realist kann fragen, an welcher Stelle der
folgenden Reihe von Beobachtungsmitteln ein derartiger Bruch vorliege, dass eine andere erkenntnistheoretische Position nötig sei: das
Beobachten eines Objektes durch einen Fensterrahmen, durch Gläser,
durch Brillengläser, durch verschiedene Lichtmikroskope mit stärker
werdendem Auflösungsvermögen, durch Elektronenmikroskope. Bas
van Fraassen beispielsweise zieht die Grenze dort, wo man ein Objekt
gerade noch sehen kann, wenn man das Beobachtungsmittel nicht benutzt (van Fraassen, 1980, 15f): Die Monde des Jupiters kann man zwar

durch ein Teleskop sehen, man kann sie aber auch dann noch sehen, wenn man das Teleskop nicht benutzt – wenn man nahe genug dran ist. Was ist aber mit den kleinen Objekten, die von Brillenträgern ohne ihre Brille auch ganz nahe nicht mehr gesehen werden können? Für diese Menschen dürften diese Objekte dann nicht existieren, obwohl sie für andere Menschen sehr wohl existieren. Van Fraassen diskutiert die Problematik des Kontinuum-Argumentes sehr detailliert, muss sich aber letztlich darauf zurückziehen, das Beobachtungsproblem nicht auf das einzelne Subjekt, sondern auf die gesamte menschliche Art bezogen zu behandeln. Er steht dann aber vor dem Problem, dass sich die Menschheit (für Realisten durch Mutationen) derartig ändern könnte, dass künftige Menschen andere Objekte als heutige Menschen beobachten könnten. Es gelingt van Fraassen nicht, ein zeitunabhängiges Kriterium für die Unterscheidung beobachtbar – theoretisch anzugeben.

Ein Antirealist bezüglich der Wissenschaftserkenntnis könnte sich so weit zurückziehen, dass er auch die Existenz von solchen Entitäten akzeptiert, die man nur mit Instrumenten wie z.B. dem Elektronenmikroskop beobachtet, wohingegen er die realistische Interpretierbarkeit von Theorien weiterhin ablehnt. Diesen Unterschied kann man bezeichnen als Entitäten-Realismus und Theorien-Antirealismus. Das Erstaunliche ist jedoch, dass diese Entitäten oft von Theorien vorhergesagt werden, bevor sie beobachtet werden. Diesen Erfolg von Theorien kann der Realist besonders leicht erklären.

Für den Entitäten-Realismus seien kurz noch weitere Argumente angeführt: a) Konvergenz der Messmethoden: „Viele Meßgrößen, insbesondere die grundlegenden Naturkonstanten, können auf völlig verschiedene, voneinander unabhängige Weisen bestimmt werden. So kann man die Loschmidtsche Zahl L – die Zahl der Moleküle pro Mol eines beliebigen Gases – ableiten aus der kinetischen Gastheorie, der Brownschen Molekularbewegung, der Oberflächenspannung dünner Lösungen, den Gesetzen der Hohlraumstrahlung, der elektrischen Ladung von Öltröpfchen, der Lichtstreuung in der Atmosphäre, der Größe des Elementarwürfels von Kristallen, aus radioaktiven Prozessen und aus der Feinstruktur von Spektrallinien. So verschieden diese physikalischen Methoden auch sind, sie liefern doch alle den *gleichen* Wert: $L = 6 \cdot 10^{23}$ Moleküle pro Mol" (Vollmer, 1983, 37f). b) Konvergenz der

Messwerte: Bei Verbesserung der Messgenauigkeit „scheinen sich alle Meßergebnisse für eine bestimmte Meßgröße einem „wahren" Wert zu nähern" (ebd. 38). Diese Konvergenz vermag der Realist auf einfache Weise zu erklären, indem er die Existenz der gemessenen Objekte annimmt.

Eines der Hauptargumente für den Theorienrealismus ist der Erfolg von Theorien. Der Realist kann die technische Anwendbarkeit von Theorien und die erfolgreiche Vorhersage von neuen Fakten, insbesondere von Fakten aus Anwendungsbereichen, für die eine Theorie ursprünglich gar nicht formuliert wurde, dadurch verständlich machen, dass er annimmt, diese Theorie entspreche einigen Realstrukturen, wohingegen der Antirealist diesen Erfolg als Zufall hinnehmen muss (Vollmer, 1990). Dieses Argument soll etwas genauer erläutert werden: Das zu erklärende Phänomen ist, dass Wissenschaftler einige Theorien besitzen, welche Vorhersagen erlauben, die beim experimentellen Test tatsächlich eintreffen, wohingegen die Vorhersagen anderer Theorien nicht eintreffen. Dieser ganze Vorgang des Vorhersagens bis zur erfolgreichen Beobachtung ist selbst ein beobachtbares Phänomen, für das man eine Erklärung fordern kann. Warum sind wir in der Lage, mit manchen Theorien Beobachtungen vorherzusagen und mit anderen Theorien nicht? Die Antwort des Realisten lautet: Wir sind hierzu in der Lage, weil sich Theorien korrespondenztheoretisch auf die Realität beziehen und einige sind wahr und andere nicht. Nun ist es jedoch in der Wissenschaft üblich, Erklärungsansätze experimentell zu testen und Alternativhypothesen zu diskutieren. Ein Verteidiger des Antirealismus könnte entgegenhalten, dass ja ständig eine große Anzahl von Physikern versuche, neue Theorien zu konstruieren, so dass aus dieser großen Anzahl von Theorienkonstruktionen irgendwann eine Theorie aus Zufall Erfolg haben könne. Ob es sich also beim Erfolgs-Argument wirklich um ein überzeugendes Argument für den Realismus handelt, mag angezweifelt werden. Wie man in der Wissenschaftstheorie zwischen alternativen Erklärungsansätzen experimentell unterscheiden kann, ist derzeit noch ein offenes Problem.

Um Missverständnissen vorzubeugen soll noch einmal genauer erläutert werden, warum das Erfolgsargument nur ein hypothetischer Erklärungsansatz und keine logisch einwandfreie Begründung der Wahrheit von Theorien ist. Das logische Verhältnis von Theorie und experimenteller Beobachtung ist Folgendes: Wenn eine Theorie wahr ist, so folgt daraus unter Benutzung von Zusatzannahmen die Möglichkeit bestimmter Beobachtungen. Liegen diese Beobachtungen dann nach den Experimenten tatsächlich vor, so beweist das jedoch nicht die Wahrheit der Theorie, denn hierzu wäre die umgekehrte logische Relation nötig: Wenn bestimmte Beobachtungen vorliegen, dann ist die Theorie wahr. Dies ist aber nicht möglich; das wäre die Existenz eines induktiven Schlusses von den Beobachtungen zur Theorie, wie es vor allem von Popper (1935) kritisiert worden war. Die Grundbegriffe und die damit formulierten Axiome einer Theorie kann man nicht auf logischem Weg aus den experimentellen Daten ableiten; dies ist ein intuitiver, psychologischer Vorgang. Karl Popper vertrat deshalb die These, dass wir Theorien zwar nicht beweisen, dass wir sie aber widerlegen (falsifizieren) könnten. Fortschritt der Wissenschaft würde demnach darin bestehen, immer mehr falsche Theorien durch Experimente zu eliminieren. Leider ist auch dies nicht so einfach, und die Geschichte der Wissenschaft hat viele Beispiele dafür, dass eine Theorie beibehalten wurde, obwohl es nicht gelungen war, mit ihr alle vorliegenden Beobachtungen zu erklären. So hat man bis zu Einsteins Allgemeiner Relativitätstheorie an Newtons Theorie geglaubt, obwohl sie die Perihelbewegung des Planeten Merkur nicht ganz genau vorhersagen kann. Es scheint vielmehr so zu sein, dass Wissenschaftler erst dann eine Theorie aufgeben, wenn sie glauben, eine bessere zu haben. Selbst Popper hat in seinen späteren Jahren akzeptiert, dass Theorien gegen Kritiken immunisiert werden können und dass sogar das dogmatische Festhalten einzelner Forscher an bestimmten Theorien nützlich sein kann, damit Theorien nicht vorschnell verdrängt werden (Popper 1995: 30f). Ein experimenteller Test einer Theorie, eine Gegenüberstellung von Theorie und Beobachtung, ist nämlich nicht direkt möglich. Vielmehr benötigt man Zwischenhypothesen als Brücken zwischen Theorie und Beobachtung. Eine kosmologische Geodäte lässt sich eben nicht mit einem Fernrohr oder Teleskop beobachten. Um aus einer Theorie eine Vorhersage ableiten zu können, benötigt man nicht nur die zu testende Theorie, sondern zusätzliche Theorien und Annahmen, und bei negativen experimentellen Ergebnissen können auch diese falsch sein (vgl. Bunge 1967, I: 500f).

Zurück zum Realismusproblem: Nimmt man einmal an, dass die realistische Hypothese die plausibelste Erklärung für die erfolgreiche Vorhersage neuer Fakten ist, so kann ein Antirealist einwenden, dass eine Erklärung des Vorhersageerfolges keine Begründung des Wahrheitsanspruches von Theorien sein kann, denn der Antirealist bestreitet ja grundsätzlich den Wahrheitsgehalt von Erklärungen: Theorien erklären beobachtete Naturphänomene, und der Realist deutet diese Erklärung korrespondenztheoretisch, wohingegen der Antirealist den theoretischen Erklärungen keine Wahrheit beimisst. Diese Situation stellt sich natürlich auch bezüglich der Erklärung des Erfolges der Vorhersage neuer Fakten. Der Realist akzeptiert die Aussage, dass zwischen Theorie und Realität eine Korrespondenzrelation besteht, wohingegen der Antirealist darauf verweist, dass in der Wissenschaftsgeschichte immer wieder gut getestete Erklärungen zu einem späteren Zeitpunkt durch neue Erklärungen ersetzt worden sind. Die realistische Erklärung des Erfolges akzeptieren nur diejenigen, die ohnehin an die Wahrheit von Erklärungen glauben (Musgrave, 1988). Die realistische Erklärung erscheint als die plausibelste, aber die Realisten müssen zugeben, dass sich intuitiv plausible Annahmen in der Wissenschaft oft später als falsch herausstellen.

Die vorangehende Diskussion hat gezeigt, dass der erkenntnistheoretische Realismus sehr schwer zu begründen ist. Da aber auch Instrumentalisten für ihre Position keine zwingenden Argumente haben (außer vielleicht das quantenmechanische Argument, was zu untersuchen das Thema dieser Arbeit ist), soll in dieser Arbeit der erkenntnistheoretische Realismus zunächst als revidierbare Ausgangshypothese angenommen werden, die man dann ablehnen kann, wenn man zu erfolgreichen Theorien gelangt, die prinzipiell nicht realistisch deutbar sind. Diese Hypothese mag insbesondere deshalb nützlich sein, weil sie in der Wissenschaft eine große heuristische Bedeutung besitzt. Wer den Erfolg von Theorien als Argument und den Theorienrealismus ablehnt, hat außerdem keinen Grund, seiner Wahrnehmungs- und Erfahrungserkenntnis Objektivität zuzusprechen, weil deren Glaubwürdigkeit ebenfalls auf Handlungserfolg beruht und weil auch unsere Beobachtungen theorienbeladen sind. So hat man z.B. im Mittelalter Hexen beobachtet, wo heutige Psychiater psychisch Kranke diagnostizieren. Und betrachtet man durch ein Mikroskop ein histologisches Präparat, so weiß man nur dann, was man sieht, wenn man ein umfangreiches Wissen über histologische Strukturen besitzt. Akzeptiert man die realistische Erklärung des Vorhersageerfolges, so ist man sogar in der Lage zu erklären, warum wir mittels unserer Denkstrukturen Realstrukturen erkennen können, wenn man auf die realistische Erklärung aufbauend auch die Evolutionstheorie annimmt: Wir können mittels unserer Denkstrukturen Realstrukturen erkennen, weil es im Laufe der Evolution zu einer Anpassung gekommen ist (Vollmer, 1983).

Über das Verhältnis von Beobachtung und Theorie haben Albert Einstein und Werner Heisenberg 1926 ein interessantes Gespräch geführt (Heisenberg, 1985, 80-82). Heisenberg fragte ihn: „Der Gedanke, daß eine Theorie eigentlich nur die Zusammenfassung der Beobachtungen unter dem Prinzip der Denkökonomie sei, soll doch von dem Physiker und Philosophen Mach stammen; ... was glauben denn Sie selbst in diesem Punkt?" Einstein antwortete ihm: „Ich will ... nicht einem naiven Realismus das Wort reden; ich weiß schon, daß es sich hier um sehr schwierige Fragen handelt, aber ich finde den Machschen Begriff der Beobachtung eben auch als etwas zu naiv. Man tut so, als wisse man schon, was das Wort ›beobachten‹ bedeutet". Was Einstein unter 'beobachten' verstand, hatte er kurz vorher Heisenberg folgendermaßen erläutert:

„Erst die Theorie entscheidet darüber, was man beobachten kann. Sehen Sie, die Beobachtung ist ja im allgemeinen ein sehr komplizierter Prozeß. Der Vorgang, der beobachtet werden soll, ruft irgendwelche Geschehnisse in unserem Meßapparat hervor. Als Folge davon laufen dann in diesem Apparat weitere Vorgänge ab, die schließlich auf Umwegen den sinnlichen Eindruck und die Fixierung des Ergebnisses in unserem Bewußtsein bewirken. Auf diesem ganzen langen Weg vom Vorgang bis zur Fixierung in unserem Bewußtsein müssen wir wissen, wie die Natur funktioniert, müssen wir die Naturgesetze wenigstens praktisch kennen, wenn wir behaupten wollen, daß wir etwas beobachtet haben. Nur die Theorie, das heißt die Kenntnis der Naturgesetze, erlaubt uns also, aus dem sinnlichen Eindruck auf den zugrunde liegenden Vorgang zu schließen."

Der Erfolg von Theorien bei der Vorhersage neuer Fakten soll als ein Indiz dafür gelten, dass wir mit ihnen zumindest teilweise die Realität treffen. Es ist jedoch eines, den Erfolg gewissermaßen als globales Indiz für den Realismus zu nehmen, ein anderes, an jeden Einzelfall einer Aussage oder Theorie das Kriterium des Erfolges anlegen zu wollen. Wie unsinnig es ist, dieses Indiz an jedes Detail einer Theorie anzulegen, zeigt auch die Wissenschaftsgeschichte. Die Newtonsche Physik war überaus erfolgreich, wurde aber trotzdem von der Speziellen und der Allgemeinen Relativitätstheorie und schließlich von der Quantenmechanik abgelöst. Der Realist ist aber auch gar nicht darauf angewiesen, dass die Strukturen einer Theorie in allen Einzelheiten Realstrukturen entsprechen. Es wird hier nur behauptet, dass einige Strukturen der Theorie Realstrukturen korrespondieren.

Da jede Theorie Elemente enthalten kann, die keinerlei Realstrukturen entsprechen, benötigt man Kriterien, die anzugeben gestatten, welche Elemente einer Theorie Realstrukturen entsprechen könnten. Dazu ist es hilfreich, mehrere Theorien zu besitzen, die im gleichen Anwendungsbereich eine ähnlich gute Vorhersagekraft besitzen; in diesem Fall soll von einer Theoriengruppe gesprochen werden.[2] Dass Theoriengruppen möglich sind, wird deutlich durch die klassische Mechanik, in der es neben der Newtonschen Theorie die mathematisch äquivalenten Theorien von Lagrange, Hamilton und Hamilton-Jacobi gibt, und durch die Kosmologie, für die es nicht nur die Allgemeine Relativitätstheorie Einsteins, sondern auch die (ungefähr) empirisch äquivalenten Theorien von Misner, Dicke, Rosen u.a. gibt. Die Anzahl wenigstens empirisch ungefähr äquivalenter Theorien ist in den meisten Anwendungsgebieten leider sehr gering. Dies mag aber auch daran liegen, dass viele Wissenschaftler immer noch „die“ eine wahre Theorie suchen. Existieren mehrere empirisch äquivalente mathematische Formalismen, dann können nicht alle zugleich wahr sein. Andererseits kann nicht einmal das Erfolgs-Argument einen von ihnen als wahr auszeichnen: Sie machen ja die gleichen Prognosen und erklären dasselbe.

---

[2] Die Verwendung der Bezeichnung „Gruppe“ ist jedoch nicht im Sinne der mathematischen Gruppentheorie gemeint; statt von einer Theoriengruppe könnte man z.B. auch von einer Theorienfamilie sprechen.

Zusätzliche Argumente der begrifflichen, mathematischen oder ontologischen Einfachheit können keine Wahrheitskriterien liefern und werden keinen Antirealisten überzeugen. Zu beachten ist jedoch die Vereinbarkeit mit Theorien aus anderen Anwendungsbereichen, da ja auch verschiedene Bereiche zur selben Welt gehören.

Wenn das globale Indiz der erfolgreichen Vorhersage neuer Fakten anwendbar ist, so treffen alle erfolgreich getesteten Theorien einer Theoriengruppe irgendwelche Realstrukturen; andererseits können sie aber auch nicht-reale Strukturen enthalten. Zur Identifizierung der realen Elemente ist es nützlich, die einzelnen Theorien einer Theoriengruppe miteinander zu vergleichen. Diejenigen Elemente, die in mehreren Theorien vorkommen, sind glaubwürdigere Kandidaten für Realstrukturen. Zum Beispiel enthalten alle Theorien der klassischen Mechanik die Begriffe der Bahn, des Ortes und des Impulses, wohingegen es im Gegensatz zur Newtonschen Theorie in der Hamiltonschen und in der Hamilton-Jacobi-Theorie den Kraftbegriff nicht gibt. Es war also schon vor der Entstehung der Allgemeinen Relativitätstheorie und der Quantenmechanik zweifelhaft, ob man Kräften reale Existenz zuschreiben sollte. Es ist vielleicht zu stark zu fordern, dass nur diejenigen Elemente real zu deuten seien, die in allen empirisch äquivalenten Theorien vorkommen. Es könnte ja sein, dass keine Strukturen in allen Theorien vorkommen, obwohl jeweils zwei oder mehrere der Theorien untereinander Gemeinsamkeiten haben, wenn die einzelnen Theorien jeweils etwas andere Aspekte der Welt treffen. Zwar wäre es sicherlich unbefriedigend, wenn es keine in allen empirisch äquivalenten Theorien auftretenden Strukturen gäbe. Dies wäre jedoch kein Grund dafür, intertheoretische Vergleiche abzulehnen und wie bisher üblich eine einzelne Theorie (hypothetisch) vollständig für wahr zu halten; insbesondere dann, wenn es mehrere mathematisch äquivalente Theorien tatsächlich gibt. Bei der Deutung von Theorien muss man zwar einerseits dem Erfolgs-Indiz gerecht werden, andererseits aber auch die Lehren der Wissenschaftsgeschichte akzeptieren, wonach sich auch positiv getestete Theorien zu einem späteren Zeitpunkt als falsch herausstellen können. In den letzten Jahren stritten sich die Erkenntnistheoretiker zu sehr über Extrempositionen. Anstatt darüber zu streiten, ob eine Theorie gar nichts über die Welt aussagt oder ob die ganze Theorie wahr ist, sollte man sich Kriterien überlegen, die angeben, welche Elemente einer Theorie interpretierbar sind. Für dieses Forschungsprojekt gibt es bislang nur Anregungen, intertheoretische Gemeinsamkeit scheint jedoch ein brauchbares Kriterium zu sein.

In je mehr empirisch äquivalenten Theorien eine Struktur auftaucht, desto eher wird man geneigt sein, sie als eine Realstruktur zu betrachten – absolute Wahrheit kann aber auch diese Vorgangsweise nicht garantieren. Es gibt derzeit keine absolut gültigen Wahrheitskriterien. Es ist aber vernünftig, zumindest Strukturen, die in allen Theorien einer Gruppe enthalten sind, als real anzunehmen. Natürlich kann es vorkommen, dass man wegen dieses Gemeinsamkeitskriteriums Strukturen einer einzigen Theorie missachtet, obwohl sie Realstrukturen entsprechen. Im Rahmen der Theoriendynamik, d.h. der historischen Ablösung einer Theorie oder in unserem Sinne einer Theoriengruppe durch eine neue mit größerer Vorhersagekraft, werden diese vorher unberücksichtigten Strukturen eventuell in der neuen Theoriengeneration als Gemeinsamkeiten mehrerer Theorien auftauchen, so dass diese Realstrukturen vielleicht zu einem späteren Zeitpunkt in der wissenschaftlichen Forschung Beachtung finden werden.

Noch sicherer über Realstrukturen kann man sich bei denjenigen Elementen sein, die zusätzlich in aufeinander folgenden Theoriengenerationen gemeinsam enthalten sind. Zwar sollen nicht die Gemeinsamkeiten zwischen aufeinanderfolgenden Theorien für die realistische Interpretation herausgefiltert werden, weil die neuen Theorien wegen ihrer größeren Vorhersagekraft einen größeren Wahrheitsanspruch erheben können; aber einige gemeinsame Strukturen sollten auch in aufeinander folgenden Theorien enthalten sein, denn ein völliger Bruch würde eine völlige historische Relativierung bedeuten und wäre somit ein Argument gegen den Realismus.

Problematisch ist die Frage, was unter strukturellen Gemeinsamkeiten von Theorien genau zu verstehen ist. Als Veranschaulichung können jedoch die bezugssystemunabhängigen Invarianten der Relativitätstheorie dienen. In der Relativitätstheorie sind z.B. das Raumzeit-Kontinuum, die Lichtgeschwindigkeit, der Lichtkegel, das vierdimensionale Intervall, die Eigenzeit, Ruhelänge, Ruhemasse und die Form der grundlegenden Gesetze gegenüber den Lorentztransformationen invariant. Ebenso beziehen sich vielleicht verschiedene Theorien auf völlig andere Entitäten, haben aber trotzdem gemeinsame Strukturen. Die in der diachronen Wissenschaftstheorie viel beachteten Theorien über das Phlogiston und das Caloricum haben wohl andere Referenzobjekte als die heutigen Theorien über Verbrennung und Wärme; man sollte sie aber auch einmal daraufhin untersuchen, ob sie Strukturen enthalten, die man – vielleicht auch nur in sehr grober Form – in heutigen Theorien wiederfindet.

Neben dem Begriff der (strukturellen) Gemeinsamkeit oder Invarianz ist außerdem der Begriff der Korrespondenz der Theorien mit der Welt genauer zu explizieren. Den Realismus kann man deshalb noch nicht als eine fertig ausgearbeitete Theorie über die Geltung von Aussagen über die Welt auffassen. Er stellt eher ein Forschungsprojekt dar, bei dem wichtige Grundbegriffe erst noch im Zuge der Forschung zu explizieren sind. Eine spiegelbildliche Abbildung zu behaupten, ist sicherlich zu naiv; bestenfalls kann man eine (approximative und partielle) Isomorphie, eine strukturelle Übereinstimmung, anstreben. Im mathematischen Sinne mag man eine homomorphe Beziehung der physikalisch interpretierbaren Elemente des Formalismus zur Realität vermuten, wobei Wissenschaftler sich bemühen, den Isomorphismus zu erreichen, was aber vermutlich nie gänzlich der Fall sein wird.

Neben der Suche nach Gemeinsamkeiten ist noch ein weiterer Gesichtspunkt vonnöten. Eine der Aufgaben der modernen Erkenntnistheorie ist es, Kriterien zu entwickeln, die es erlauben, zwei unterschiedliche Aussagen (-systeme) gleichzeitig für wahr zu halten, weil es sich um verschiedene Abstraktionsgrade, um verschiedene Perspektiven oder um verschiedene Eigenschaften des Objektes unter jeweiliger Vernachlässigung der anderen Eigenschaften handelt – so wie man über die Farbe sprechen kann, ohne die Temperatur des Objektes zu erwähnen. In diesen Fällen soll von den verschiedenen Aspekten gesprochen werden. Verschiedene Theorien, verschiedene sich gegenseitig ausschließende Untertheorien einer Theorie (z.B. bei der Theorie von Primas; siehe Kap. 4.2.e, S. 85) oder verschiedene mathematische Darstellungen beschreiben vielleicht gleichzeitig existierende Eigenschaften, weil es sich um andere Aspekte handelt. Treten z.B. Ort und Impuls jeweils in verschiedenen mathematischen Darstellungen einer Theorie auf, so muss das nicht bedeuten, dass jede Darstellung die Eigenschaft der anderen Darstellung ableugnet, vielmehr kann dies bedeuten, dass die verschiedenen Darstellungen jeweils andere Aspekte behandeln. Es ist schwierig, ein Kriterium zu finden, das uns angibt, wann wir es mit verschiedenen Aspekten zu tun haben und wann mit alternativen Beschreibungen, zwischen denen man sich entscheiden muss. Dieses Problem soll hier aber nicht weiter besprochen werden, denn es ging hierbei in erster Linie nur um die Darstellung des Problems. Wenn es sich bei mehreren Erkenntnissen um verschiedene Aspekte handelt, so müssen diese miteinander konsistent sein in dem Sinne, dass es möglich sein muss, aus ihnen eine übergeordnete Beschreibung zu konstituieren unter Angabe der Transformationsarten, durch welche diese übergeordnete Beschreibung in die verschiedenen Aspekte übergeht.

Zum Schluss dieses Kapitels sei noch eine weniger befriedigende Seite des Realismus angesprochen: „Das Problem [des Realisten] ist nun, daß wir nicht wissen können, wie sich das, was wir wissen, zu dem verhält, was wir nicht wissen. Verhält es sich – um es einmal quantitativ zu betrachten – wie eins zu drei? Oder eher wie eins zu zehn? Oder wie eins zu 10^{50}“ (Franzen, 1982, 21f; vgl. Franzen, 1992)? Der relative Umfang unseres Wissens ist leider so unbekannt, dass wir damit kein ganzes Weltbild begründen können. Selbst wenn sich die Quantenphysiker in Zukunft auf ein Weltbild einigen sollten, ist immer damit zu rechnen, dass es ebenso wie das aristotelische und wie das mechanistische Weltbild eines Tages scheitern wird. Zwischen historisch aufeinanderfolgenden Weltbildern nach Gemeinsamkeiten zu suchen, führt nicht zu einem Weltbild, da sich ein solches nicht durch einzelne Strukturen, sondern durch ein zusammenhängendes ganzes Bild auszeichnet.

3. Realismusprobleme in der Quantenmechanik

Seit der Entstehung der Quantenmechanik in den 20er Jahren des letzten Jahrhunderts wird immer wieder gegen den Realismus vorgebracht, die QM lasse eine realistische Deutung nicht zu. So spricht Carl F. von Weizsäcker von der QM als „einer Physik, die gar nicht mehr realistisch gedeutet werden k a n n" (von Weizsäcker, 1990, 116).[3]

Durch die Experimente zur Bellschen Ungleichung verschärfte sich die Realismusproblematik in den 70er Jahren derart, dass der französische Physiker Bernard d`Espagnat behauptet: „Gewöhnlich gilt als selbstverständlich, daß die Objekte, aus denen die Welt besteht, unabhängig vom menschlichen Bewußtsein existieren. Es gibt jedoch Fälle, in denen man mit dieser Annahme in Gegensatz zur Quantenmechanik und zu experimentell belegten Fakten gerät" (d`Espagnat, 1980, 69). Und Wolfgang Stegmüller verkündet pathetisch: „Erstmals in der Geschichte der Wissenschaften scheint es der Fall zu sein, daß eine empirisch überprüfbare physikalische Aussage gewonnen wurde, die es gestattet, eine Entscheidung über die Richtigkeit einer philosophischen Position zu fällen. Sollte der Realismus recht haben, so müßte diese

---

[3] Zu beachten bleibt hierbei, dass von Weizsäcker den Begriff „real" vermutlich nicht so verwendet, wie wir ihn im ersten Kapitel definiert haben. Da er ein Schüler Heisenbergs war, ist zu vermuten, dass er diesen Begriff ähnlich verwendet wie dieser. Über Heisenbergs Weltauffassung wird in Kapitel 4.1 und im 6. Kapitel eingegangen.

[Bellsche] Ungleichung gelten. Hat die Quantenphysik recht, so gilt sie nicht. Die bisher von Physikern angestellten Überlegungen und Untersuchungen, Gedankenexperimente sowohl als auch empirische Tests, sprechen dafür, daß diese Ungleichung nicht gilt und daß somit der Realismus unrecht hat" (Stegmüller, 1984, 26).

In diesem Kapitel sollen nun die problematischen Punkte der QM vorgestellt werden, wobei ich Grundkenntnisse der Theorie voraussetze und nur zur Verdeutlichung des jeweiligen Problems die wichtigsten Elemente des Formalismus erwähnen werde. Ich werde mich dabei auf die nichtrelativistische QM und dort hauptsächlich auf das Schrödingerbild konzentrieren. Die relativistische und die statistische QM werden ausgeklammert, weil eine Diskussion der hier zusätzlich auftretenden Interpretationsprobleme, z.B. die Ununterscheidbarkeit gleicher Teilchen oder die Lösungen der Dirac-Gleichungen mit negativer Energie, den Rahmen dieser Arbeit übersteigt.[4] Auf das Schrödingerbild konzentriere ich mich, weil sich die meisten Interpreten hierauf beziehen.

Wenn ich in diesem Kapitel vom Antirealisten spreche, dann meine ich entweder den ontologischen Antirealisten oder die Leugnung der objektiven (Wissenschafts-) Erkenntnis durch den erkenntnistheoretischen Antirealisten. Bei den Realismusproblemen der QM handelt es sich vorrangig um Probleme des erkenntnistheoretischen Realismus in Form der Problematik, den mathematischen Formalismus zu deuten: Theorien können nur dann Wissen über die Welt vermitteln, wenn der Formalismus referenziell gedeutet werden kann.[5] Der ontologische Realismus steht dabei an entscheidenden Stellen zur Debatte.

---

[4] Über Interpretationsprobleme der statistischen und der relativistischen QM vgl. M. Stöckler, 1984a, 1997.

[5] Wenn hier von den Deutungen oder Interpretationen der QM gesprochen wird, dann ist der Begriff „Deutung" in einem sehr allgemeinen Sinn zu verstehen. Bei diesen Interpretationen der QM handelt es sich oft nicht einfach um Referenzhypothesen für den herkömmlichen Formalismus, sondern um neue, vermeintlich referenziell leichter deutbare Theorien.

In diesem Kapitel werden die problematischen Punkte und die antirealistischen Standpunkte nur vorgestellt, ohne auch schon Lösungsmög-
lichkeiten oder Kritiken von Seiten der Realisten zu behandeln.

3.1 Raumzeitprobleme

In seinem Aufsatz „Die Entwicklung der Quantentheorie" charakterisiert Werner Heisenberg die Gegner der Quantentheorie folgendermaßen: „Es wäre nach ihrer Ansicht wünschenswert, zu der Realitätsvorstellung der klassischen Physik oder, allgemeiner gesprochen, zur Ontologie des Materialismus zurückzukehren; also zur Vorstellung einer objektiven, realen Welt, deren kleinste Teile in der gleichen Weise objektiv existieren wie Steine und Bäume, gleichgültig, ob wir sie beobachten oder nicht. Daß eben dies nicht oder nur zum Teil möglich ist ..." (Heisenberg, 1986, 144f).

Am Ende dieses Aufsatzes charakterisiert Heisenberg den Begriff der »objektiv-realen Wirklichkeit« durch „Vorgänge, die sich anschaulich in Raum und Zeit, d.h. in den klassischen Begriffen, beschreiben lassen, die also unsere »Wirklichkeit« im eigentlichen Sinne ausmachen. Wenn man versucht, hinter dieser Wirklichkeit in die Einzelheiten des atomaren Geschehens vorzudringen, so lösen sich die Konturen dieser »objektiv-realen« Welt auf – nicht in dem Nebel einer neuen und noch unklaren Wirklichkeitsvorstellung, sondern in der durchsichtigen Klarheit einer Mathematik, die das Mögliche, nicht das Faktische, gesetzmäßig verknüpft. Daß die »objektiv-reale Wirklichkeit« auf den Bereich des vom Menschen anschaulich in Raum und Zeit Beschreibbaren beschränkt wird ..." (ebd. S. 154). Wenn also Heisenberg die Realität bestreitet, so meint er in erster Linie, dass es eine „objektive Welt in Raum und Zeit gar nicht gibt" (Heisenberg, 1985, 100).

Nicht jede Realismusposition ist auf die raumzeitliche Existenz angewiesen. Aber auch diejenigen Elemente der QM, die vielleicht nicht raumzeitlich verstanden werden können, müssen in irgendeiner Weise gedeutet werden.

3.1.1 Der Welle-Teilchen Dualismus

Albert Einstein formulierte 1909 zum ersten Mal explizit den Dualismus von Welle und Teilchen. Das Problem ist, dass einzelne Aspekte des Teilchen- oder Wellenbildes zur Erklärung bestimmter Effekte benutzt werden können, dass aber die Vereinbarkeit dieser Ansätze und die konsequente Verfolgung des raumzeitlichen Aspektes der beiden Ansätze nicht gelingt. Die Schwierigkeiten, die man hat, die Natur der Elementarobjekte zu verstehen, verdeutlicht man am besten anhand des Doppelspaltversuchs (s. Abb. 3.1). In diesem Zusammenhang beschreibt Heisenberg auch, warum seiner Meinung nach eine anschaulich raumzeitliche Beschreibung der Wirklichkeit nicht möglich sei:

„Es ist hier zweckmäßig, das folgende Gedankenexperiment zu diskutieren. Nehmen wir an, daß eine kleine monochromatische Lichtquelle Licht ausstrahlt auf einen schwarzen Schirm, der zwei kleine Löcher hat. Die Durchmesser der Löcher brauchen nicht viel größer zu sein als die Wellenlänge des Lichtes, aber ihr Abstand soll erheblich größer sein. In einigem Abstand hinter dem Schirm soll eine photographische Platte das ankommende Licht auffangen. Wenn man dieses Experiment in den Begriffen des Wellenbildes beschreibt, so sagt man, daß die Primärwelle durch die beiden Löcher dringt. Es wird also zwei sekundäre Kugelwellen geben, die von den

Löchern ihren Ausgang nehmen und die miteinander interferieren. Die Interferenz wird ein Muster stärkerer und schwächerer Intensitäten, die sogenannten Interferenzstreifen, auf der photographischen Platte hervorbringen. Die Schwärzung der photographischen Platte ist im Quantenprozeß ein chemischer Vorgang, der durch einzelne Lichtquanten hervorgerufen wird. Daher muß man das Experiment auch in der Lichtquantenvorstellung beschreiben können. Wenn es nun erlaubt wäre, darüber zu sprechen, was dem einzelnen Lichtquant zwischen seiner Emission von der Lichtquelle und seiner Absorption in der photographischen Platte passiert, so könnte man in der folgenden Weise argumentieren. Das einzelne Lichtquant kann entweder durch das erste oder durch das zweite Loch gehen. Wenn es durch das erste Loch geht und dort gestreut wird, so ist die Wahrscheinlichkeit dafür, daß es später an einem bestimmten Punkt der photographischen Platte absorbiert wird, davon unabhängig, ob das zweite Loch geschlossen oder offen ist. Die Wahrscheinlichkeitsverteilung auf der Platte muß die gleiche sein, als wenn nur das erste Loch offen wäre. Wenn man das Experiment viele Male wiederholt und alle die Fälle zusammenfaßt, in denen das Lichtquant durch das erste Loch gegangen ist, so sollte die Schwärzung der photographischen Platte dieser Wahrscheinlichkeitsverteilung entsprechen. Wenn man nur die Lichtquanten betrachtet, die durch das zweite Loch gegangen sind, so sollte die Schwärzungsverteilung jener Wahrscheinlichkeitsverteilung entsprechen, die man aus der Annahme enthält, daß nur das zweite Loch offen war. Die Gesamtschwärzung sollte also genau die Summe der Schwärzungen in beiden Fällen sein; in anderen Worten, es sollte keine Interferenzstreifen geben. Aber wir wissen, daß dies falsch ist, und das Experiment wird zweifellos die Interferenzstreifen zeigen. Daraus erkennt man, daß die Aussage, das Lichtquant müsse entweder durch das eine oder durch das andere Loch gegangen sein, problematisch ist und zu Widersprüchen führt. Man erkennt aus diesem Beispiel deutlich, daß der Begriff der Wahrscheinlichkeitsfunktion nicht eine raumzeitliche Beschreibung dessen erlaubt, was zwischen zwei Beobachtungen geschieht. Jeder Versuch, eine solche Beschreibung zu finden, würde zu Widersprüchen führen. Dies bedeutet, daß schon der Begriff ‚Geschehen‘ auf die Beobachtung beschränkt werden muß.

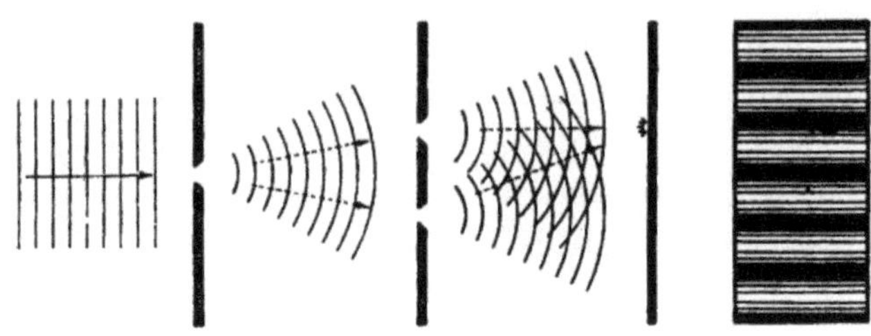

Abbildung 3.1: Doppelspaltversuch (aus Bohr, 1985, 45)

Das ist allerdings ein sehr merkwürdiges Resultat, das zu zeigen scheint, daß die Beobachtung eine entscheidende Rolle bei dem Vorgang spielt und daß die Wirklichkeit verschieden ist, je nachdem, ob wir sie beobachten oder nicht" (Heisenberg, 1990, 34f).

Auch Niels Bohr kommt wegen der Dualität von Welle und Teilchen zu der Überzeugung, dass Quantenobjekte nicht raumzeitlich beschrieben werden können:[6]

„Bei jedem Versuch einer anschaulichen Darstellung des Verhaltens des Photons würden wir also folgender Schwierigkeit begegnen: Wir müßten einerseits sagen, daß das Photon immer *einen* der beiden Wege wählt, andererseits aber, daß es sich verhält, als ob es *beide* Wege durchlaufen hätte. ...

Man muß sich insbesondere klarmachen, daß – neben der raumzeitlichen Beschreibung der Instrumente, die die Versuchsanordnung bilden – jede wohldefinierte Verwendung raumzeitlicher

---

6 Bohr diskutiert an dieser Stelle ein anderes Gedankenexperiment, welches aber zu ähnlichen Schwierigkeiten führt wie der Doppelspaltversuch.

Begriffe bei der Beschreibung atomarer Phänomene auf die Registrierung von Beobachtungen beschränkt ist, die sich auf Spuren auf einer photographischen Platte oder ähnliche, praktisch irreversible Verstärkungseffekte beziehen, wie etwa die Bildung eines Wassertropfens um ein Ion in der *Wilson*kammer" (Bohr, 1985, 50).

Das Problem der Natur der Dualität von Welle und Teilchen ist also wichtig im Hinblick auf zwei Fragen: Verhindert der Dualismus eine raumzeitliche Beschreibung prinzipiell? Und macht dieser Doppelcharakter eine objektive Beschreibung der Welt unmöglich? Eine Minimalforderung für objektive Erkenntnis ist selbstredend die interne Konsistenz. Eine Beschreibung der Welt mit konträren oder kontradiktorischen Eigenschaften, wie es die Welle-Teilchen Dualität nahelegt, kann, wenn überhaupt, dann jedenfalls nicht realistisch verstanden werden.

An dieser Stelle ist es nun erforderlich, die Bohrsche Position genauer darzulegen. Bohrs Standpunkt ist nicht leicht zu erfassen, auch weil er im Lauf seiner Bemühungen, die Quantenmechanik zu verstehen, einer Wandlung unterworfen war. Mit diesen Vorbehalten fasse ich Bohrs Position in acht Punkten zusammen, wobei die zentralen Elemente der Deutung durch Kursivschrift hervorgehoben werden:[7]

1. Alle Experimente und ihre Ergebnisse müssen letztlich in der *Sprache der klassischen Physik* beschrieben werden. Wegen der grundlegenden Bedeutung dieses Punktes sei Bohr zitiert: „Der entscheidende Punkt ist hier die Erkenntnis, daß die Beschreibung der Versuchsanordnung und die Registrierung von Beobachtungen in der mit der gewöhnlichen physikalischen Terminologie passend verfeinerten Umgangssprache zu erfolgen haben. Dies ist eine einfache logische Forderung, da mit dem Wort Experiment nur ein Verfahren gemeint sein kann, über das wir anderen mitteilen können, was wir getan und was wir gelernt haben" (Bohr, 1985, 106).

---

[7] Meiner Darstellung der Bohrschen Position liegen die Analysen von Hooker (1973), Scheibe (1973) und Stöckler (1984b) zugrunde.

2. Die Anwendbarkeit der klassischen Begriffe auf eine bestimmte Situation ist abhängig von den relevanten (physikalischen) Bedingungen dieser Situation; d.h. *die Messapparatur bestimmt, welche klassischen Begriffe* verwendet werden können.

3. Wegen der Existenz der Planckschen Wirkungskonstante gibt es eine *unteilbare Verknüpfung (Ganzheit) von Mikrosystem und Messgerät*. Die Wechselwirkung ist weder vernachlässigbar noch bestimmbar. Sie ist unkontrollierbar, so dass man den Einfluss des Messgerätes weder berechnen noch überhaupt das Verhalten des Mikrosystems von den Wechselwirkungen mit dem Messgerät abtrennen kann. Es ist deshalb nicht möglich, dem Mikroobjekt unabhängig von der Experimentalanordnung eine physikalische Eigenschaft zuzusprechen. Das Mikrosystem und die Experimentalanordnung sind nur zusammen als sogenanntes Quantenphänomen beobachtbar.

4. Wegen der unaufhebbaren Verknüpfung von Mikrosystem und Messgerät sind der *gleichzeitigen Anwendbarkeit von klassischen Begriffen* auf das gleiche System in der gleichen physikalischen Situation *prinzipielle Grenzen gesetzt*. Welche Begriffe anwendbar sind, hängt von der gesamten physikalischen Situation und insbesondere von der Messapparatur ab. Die eindeutige Beschreibung der Atomphänomene erfordert, dass die Experimentalanordnung in die Beschreibung aufgenommen wird.

5. Die *verschiedenen Beschreibungen* eines Systems in verschiedenen Situationen, welche, wollte man sie in einem einzigen Bild zusammenfassen, zu Widersprüchen führen, bezeichnet Bohr als *komplementär*.[8]

6. Die Registrierung des Vorhandenseins von atomaren Objekten beruht auf *irreversiblen Verstärkungseffekten* innerhalb des Registriergerätes.

---

[8] Über die genaue Bedeutung des Bohrschen Komplementaritätsbegriffes gibt es keine einheitliche Meinung. Ich schließe mich Kanitscheider an, für den sich die Komplementarität auf Beschreibungsformen und nicht auf autonome Objekte richtet (Kanitscheider, 1981, 172).

7. „Die Beschreibung atomarer Phänomene hat ... einen vollkommen *objektiven Charakter* in dem Sinne, daß nicht ausdrücklich auf einen individuellen Beobachter Bezug genommen wird ...“ (Bohr, 1985, 106f; meine Hervorhebung).

8. Der quantenmechanische Formalismus ist ein *rein symbolisches Schema*, das solche Voraussagen über Ergebnisse gestattet, die unter mit klassischen Begriffen gekennzeichneten Bedingungen erzielt werden können (Bohr, 1985, 39).

Nach Bohr sind die Beschreibung eines Systems in Raum und Zeit und die Anwendung des Kausalitätsbegriffes komplementär, und damit soll auch die Komplementarität von Welle und Teilchen zusammenhängen. Wenn man eine Experimentalanordnung zur Ortsmessung benutzt, dann beobachtet man Interferenzen, was als Indiz für den Wellencharakter gedeutet wird. Benutzt man hingegen eine Experimentalanordnung zur Impuls- oder Energiemessung, also zur Überprüfung eines dynamischen Erhaltungsgesetzes, so beobachtet man ein Phänomen, welches als Indiz für den Teilchencharakter gedeutet wird. Wellen- und Teilchenbild liefern für Bohr zusammen eine vollständige Beschreibung des Quantenobjektes; ein Widerspruch wird aber vermieden, weil beide Bilder durch ganz verschiedene Messgeräte definiert werden.

Nach Bohr ist also die raumzeitliche Beschreibungsform nicht allgemein anwendbar und unsere Beschreibungen liefern keine im korrespondenztheoretischen Sinn objektive Erkenntnis über Quantenobjekte, wie sie unabhängig von der Beobachtung durch Messgeräte sind. Unklar ist, ob Bohr überhaupt die Existenz von Quantenobjekten annahm. Laut einem langjährigen Assistenten sagte Bohr einmal: „There is no quantum world. There is only an abstract quantum physical description. It is wrong to think that the task of physics is to find out how nature is. Physics concerns what we can say about nature“ (Jammer, 1986, 126f).[9]

3.1.2 Diskontinuitäten

Niels Bohr stellte 1913 ein Postulat auf, das für viele Physiker zu einem Stein des Anstoßes wurde: die Quantisierung der Energieniveaus der Atome. Atome ändern beim Übergang von einem stationären Zustand zu einem anderen ihre Energie plötzlich und geben ihre Energie in Form eines Lichtquants ab. Über die zentrale Bedeutung dieses Problems schreibt Heisenberg rückblickend:

„In den vielen Gesprächen, die ich mit Niels Bohr, Wolfgang Pauli und vielen anderen im Laufe der Jahre geführt hatte, glaubten wir volle Klarheit darüber gewonnen zu haben, daß eine anschauliche raum-zeitliche Beschreibung der Vorgänge im Atom nicht möglich wäre. Denn das Element der Unstetigkeit, das Einstein in Berlin ja auch als einen besonders charakteristischen Zug der atomaren Erscheinungen bezeichnet hatte, konnte eine solche Beschreibung nicht zulassen. ... Aber wir glaubten doch, sicher zu sein, daß man von der Vorstellung objektiver, in Raum und Zeit ablaufender Vorgänge irgendwie loskommen müßte" (Heisenberg, 1985, 90).

Schrödinger war 1926 auf Besuch in Kopenhagen, und Heisenberg berichtet, wie Schrödinger die Problematik des Quantensprunges darlegte:

„Sie müssen doch verstehen, Bohr, daß die ganze Vorstellung der Quantensprünge notwendig zu Unsinn führt. Da wird behauptet, daß das Elektron im stationären Zustand eines Atoms zunächst in irgendeiner Bahn periodisch umläuft ohne zu strahlen. Es gibt keine Erklärung dafür, warum es nicht strahlen soll; nach der Maxwellschen Theorie müßte es doch strahlen. Dann soll das Elektron aus dieser Bahn in eine andere springen und dabei strahlen. Soll dieser Übergang allmählich erfolgen oder plötzlich? Wenn er allmählich erfolgt, so muß das Elektron doch allmählich seine

---

wird, was man im Nachhinein bei genauerer Überlegung nicht veröffentlichen würde.

Umlauffrequenz und seine Energie ändern. Es ist nicht zu verstehen, wie es dabei noch scharfe Frequenzen der Spektrallinien geben soll. Geschieht der Übergang aber plötzlich, sozusagen in einem Sprung, so kann man zwar unter Anwendung der Einsteinschen Vorstellungen von den Lichtquanten zur richtigen Schwingungszahl des Lichtes kommen, aber man muß dann fragen, wie sich das Elektron beim Sprung bewegt. Warum strahlt es dabei nicht ein kontinuierliches Spektrum aus, so wie die Theorie der elektromagnetischen Erscheinungen das fordern würde? Und durch welche Gesetze wird seine Bewegung beim Sprung bestimmt? Also die ganze Vorstellung von den Quantensprüngen muß einfach Unsinn sein" (Heisenberg, 1985, 92).

Eine diskontinuierliche Änderung findet sich auch im mathematischen Formalismus bei der Reduktion der Wellenfunktion, worauf in einem späteren Abschnitt (3.2.6) eingegangen wird.

3.1.3 Teilchenbahn und Impulsbegriff

Eines der auffallendsten Merkmale der QM ist, dass der Bahnbegriff gar nicht vorkommt. Der Bahnbegriff „impliziert, daß das Teilchen zu jedem Zeitpunkt eine wohlbestimmte Lage und einen wohlbestimmten Impuls besitzt und daß diese Größen sich stetig mit der Zeit ändern" (Messiah, 1976, I, 46). Deutet man die Unschärferelation im Sinne der Unmöglichkeit von gleichzeitigen exakten Orts- und Impulswerten, so ist diese Wohlbestimmtheit unmöglich. Die QM liefert keine Beschreibung, auf welche raumzeitliche Weise ein Teilchen von einem Ort zu einem anderen gelangt.

Das Fehlen einer Teilchenbahn hat auch Konsequenzen für den in der Physik so grundlegenden Impulsbegriff. Der Impuls ist klassisch definiert als Masse mal Geschwindigkeit, die Geschwindigkeit ist definiert als die Ableitung des Ortes nach der Zeit. Gibt es aber keine Teilchenbahn, so ist auch keine differentialmathematische Ableitung nach der Zeit möglich und somit auch kein Impuls im herkömmlichen Sinne.

3.1.4 Der Spin

Ein quantenmechanisches Objekt besitzt eine Eigenschaft, die in der klassischen Mechanik nicht vorkommt, den Spin, und einen zusätzlichen Freiheitsgrad, die Einstellmöglichkeit für diesen Spin. Der Spin wird oft als Eigendrehimpuls gedeutet, was man aber nur als eine anschauliche Analogie auffassen darf; er ist eine innere Eigenschaft, die mit einer räumlichen Drehung nichts zu tun hat. Was der Spin tatsächlich ist, ist auch heute noch umstritten.

3.2 Die Zustandsfunktion

Die Zustandsfunktion Ψ ergibt sich im Schrödingerbild als Lösung der Schrödinger-Gleichung, welche die zeitliche Entwicklung dieser Zustandsfunktion bestimmt:

$$i\hbar \frac{\partial \Psi}{\partial t} = \hat{H}\Psi$$

Hierbei ist i die imaginäre Einheit, $h = \hbar \cdot 2\pi$ das Plancksche Wirkungsquantum, t die Zeit und $\hat{H}$ der Hamilton- oder Energieoperator. Die Zustandsfunktion ist eine komplexwertige Funktion von Raum- und Zeitkoordinaten, deren genaue Form (bis auf Konstanten) von der präzisen Form des Hamiltonoperators und von Rand- und Anfangsbedingungen abhängt.

Der Operator $\hat{A}$ der Eigenwertgleichung $\hat{A}u_k = a_k u_k$ repräsentiert eine dynamische Variable (Observable), wobei a_k der k-te Eigenwert von $\hat{A}$ und u_k die entsprechende Eigenfunktion ist. Ein einfacher Fall ist der Impulsoperator $\hat{p} = -i\hbar\vec{\nabla}$. Seine Eigenfunktionen sind $c \cdot \exp(i\vec{k}\vec{x})$ und seine Eigenwerte sind $p = \hbar k$ mit k als Wellenzahl und c als Konstante. Die möglichen Messwerte einer Observablen sind die Eigenwerte des zugeordneten Operators, die man aus der Eigenwertgleichung ablesen kann.

Ein wichtiges Postulat der QM ist das Superpositionsprinzip: Sei ein Objekt im Zustand Ψ und sei u_k ein vollständiges System von Eigenfunktionen eines Operators $\hat{A}$, dann repräsentiert jede Linearkombination der Eigenzustände, also etwa

$$\Psi = \sum_k c_k\, u_k$$

wieder einen möglichen Zustand des Objektes. (Für ein kontinuierliches Eigenwertspektrum gibt es ein analoges Integral.) Eine Zustandsfunktion ist entwickelbar nach den Eigenfunktionen eines beliebigen Operators. Die Eigenfunktionen u_k können die Eigenfunktionen des Orts-, Impuls-, Energie- oder eines anderen Operators sein. Die jeweiligen Koeffizienten legen verschiedene Darstellungen fest, in der Notation von Dirac lässt sich jedoch der Zustand auch unabhängig von einer bestimmten Darstellung formulieren.

Die Grundprobleme des Realisten, die Fragen, ob es (Mikro-) Objekte gibt und ob ihre Eigenschaften vom Beobachter unabhängig sind, sind eng verknüpft mit der Deutung der Zustandsfunktion. Beim Versuch einer realistischen Deutung der Zustandsfunktion treten eine Reihe von Schwierigkeiten auf, die nun behandelt werden sollen.

3.2.1 Die Superposition

Nach dem Superpositionsprinzip ist jede Linearkombination der Eigenzustände eines Operators ein möglicher Zustand des Objektes. Normalerweise, d.h. vor einer Präparation oder einer Messung, befinden sich Objekte im Zustand einer Superposition. Handelt es sich um eine Superposition der Eigenzustände des Ortsoperators, so ist der Zustandsfunktion nicht ein bestimmter einzelner Ortswert zuzuordnen, sondern unendlich viele. Ebenso sind ihr bei einer Superposition von Impuls- oder Energieeigenfunktionen sehr viele bis unendlich viele Impuls- oder Energiewerte zuzuordnen.

Eine mögliche Strategie eines Antirealisten ist nun darauf hinzuweisen, dass ein Teilchen zu einer bestimmten Zeit nur einen bestimmten Orts-, Impuls- und Energiewert haben kann. Er appelliert an unsere Intuition und fragt: Was soll man sich unter einem Objekt vorstellen, das an sehr vielen Orten gleichzeitig ist oder gleichzeitig unendlich viele Impulse und Energien besitzt? Es kommt noch hinzu, dass wir nie eine Superposition beobachten, sondern nur scharfe Werte. Bei dieser Argumentation wird gefordert, dass Objekte bestimmte, feste oder scharfe Werte haben, und da die Wellenfunktion nur in besonderen Fällen dieser Forderung gerecht wird, könne der Wellenfunktion kein reales Objekt entsprechen.

Die Auffassung, dass die Zustandsfunktion kein Objekt repräsentiere, geht vor allem auf Bohr zurück. Nach dieser von Schrödinger als die offizielle Lehre bezeichneten Deutung ist die Zustandsfunktion lediglich ein Instrument zur Voraussage der Wahrscheinlichkeit von Maßzahlen: „In ihr ist die jeweils erreichte Summe theoretisch begründeter Zukunftserwartung verkörpert, gleichsam wie in einem Katalog niedergelegt. Sie ist die Beziehungs- und Bedingtheitsbrücke zwischen Messungen und Messungen ..." (Schrödinger, 1986, 109).

Schrödinger hat ein intuitives Gegenargument geliefert, allen Werten einer Superposition gleichzeitig eine reale Bedeutung zuzusprechen. In diesem Gedankenexperiment wird eine Katze zusammen mit folgender Höllenmaschine in eine Stahlkammer gesperrt: In einem Geigerschen Zählrohr befindet sich so wenig radioaktive Substanz, dass im Lauf einer Stunde vielleicht eines von den Atomen zerfällt, ebenso wahrscheinlich aber auch keins. Zerfällt ein Atom, so wird dadurch ein Kolben mit Blausäure zertrümmert, wodurch die Katze getötet wird. Überlässt man dieses System sich selbst, so beschreibt die Wellenfunktion nach einer Stunde einen Zustand, bei dem die Katze zu gleichen Teilen eine lebende <u>und</u> eine tote Katze ist.

3.2.2 Halber Variablensatz und Mehrdeutigkeit der Darstellung

In der klassischen Physik reichte es aus, den Zustand eines Systems anzugeben, um alle Eigenschaften (d.h. die Werte von Ort und Impuls) festzulegen. Ort und Impuls eines klassischen Teilchens waren festgelegt durch einen Punkt im Phasenraum. In der QM hingegen sind die grundlegenden Eigenschaften nicht alle in einer Zustandsfunktion definiert. Entwickelt man die Zustandsfunktion nach den Eigenfunktionen des Ortsoperators, dann macht sie keinerlei Aussagen über den Impuls. Man kann die Zustandsfunktion nach den jeweiligen Eigenfunktionen des Operators jeder dynamischen Variablen entwickeln, aber man erhält nie eine Zustandsfunktion, in der die Eigenfunktionen von allen dynamischen Variablen gleichzeitig auftauchen. Man kann von einem Objekt höchstens die Hälfte seiner Eigenschaften betrachten: „Jedes seiner Bestimmungsstücke kann unter Umständen Gegenstand des Interesses werden und eine gewisse Realität erlangen. Aber niemals alle zugleich – bald sind es diese, bald sind es jene und zwar immer höchstens die *Hälfte* eines vollständigen Variablensatzes, der ein klares Bild von dem augenblicklichen Zustand erlauben würde. Wie steht es jeweils mit den übrigen? *Haben* sie dann keine Realität, vielleicht ... eine verschwommene Realität; oder haben stets alle eine und ist bloß ... ihre gleichzeitige *Kenntnis* unmöglich?" (Schrödinger, 1986, 105)

Liegt nach einer Messung ein Impuls-Eigenzustand vor, dann kann man einem Teilchen in diesem Zustand die Eigenschaft „lokalisiert im Punkt x" nicht zusprechen. Dennoch kann eine durchgeführte Ortsmessung als Ergebnis genau die Lokalisierung im Punkt x ergeben. „Deswegen kann man dem Impuls-Eigenzustand die Eigenschaft „lokalisiert im Punkt x" auch nicht ohne weiteres absprechen. ... Das Problem ist, in welcher Weise die Eigenschaft „lokalisiert im Punkt x" in der Superposition der ebenen Welle enthalten ist: als „latente" Eigenschaft, als Element eines Ensembles, als Propensität (d.h. als Entwicklungstendenz)?" (Stöckler, 1986a, 73)

Mit dem Problem des maximal halben Variablensatzes verbunden ist die Eigenart, dass die Zustandsfunktion je nach Wahl des Operators in verschiedenen Darstellungen gegeben werden kann. Eine Darstellung wird am häufigsten durch die Angabe eines vollständigen Satzes von kommutierenden Observablen definiert, ihre gemeinsamen Eigenvektoren sind die Basisvektoren der Darstellung. Hält man Aussagen nur dann für objektiv, wenn sie vom Beobachter, vom Bezugssystem, von der Darstellungsform, von der Methode ihrer Ermittlung und von Konventionen unabhängig sind, dann können die jeweiligen Darstellungsformen nur schwer objektive Beschreibungen sein. Invariant gegenüber einem Darstellungswechsel sind das Skalarprodukt zweier Vektoren und die Adjunktionsbeziehungen und die algebraischen Gleichungen zwischen Vektoren bzw. Operatoren (Messiah, 1976, I, 259). In jeder Darstellungsform ist der Zustand durch einen Vektor im Hilbertraum gegeben. Neben den einzelnen Darstellungsformen gibt es jedoch auch die darstellungsunabhängige Notation von Dirac; in dieser Notation ist der Zustand durch einen abstrakten Vektor gegeben, dessen realistische Deutung besonders problematisch ist. Die abstrakte Form eines Vektors könnte man höchstens als eine platonisch-aristotelische Form deuten, deren realistische Bedeutung schwer auszumachen wäre.

Nun benutzt der Experimentator immer die Darstellungsform desjenigen Operators, dessen ihm zugeordnete Observable er messen will. Aus diesem Grund meinen die Vertreter des Interaktionalitätskonzeptes, dass die jeweiligen Eigenschaften des Objektes erst durch das Messgerät bestimmt werden, und nach Niels Bohr werden die bei der jeweiligen Experimentalanordnung zu benutzenden klassischen Begriffe durch die Experimentalanordnung definiert. Die in der Zustandsfunktion nicht auftauchenden Begriffe, z.B. der Ort, wenn die Impulsdarstellung gegeben ist, sind für Bohr in der jeweiligen Situation bedeutungslos, und man kann dann dem Objekt diese Eigenschaft nicht zusprechen.

Dem Realisten stellen sich also die folgenden problematischen Fragen. Enthält die Bedeutung der Zustandsfunktion eine epistemische Komponente, so dass die verschiedenen Darstellungen nur bedeuten, dass der Experimentator sich bei der jeweiligen Versuchsanordnung lediglich für bestimmte Objekteigenschaften interessiert und die anderen ignoriert? Betrachten also die verschiedenen Darstellungen verschiedene Aspekte des Objektes, oder hängen die Eigenschaften wirklich von der Umwelt ab? Wenn das letztere der Fall ist, muss gefragt werden, ob die Eigenschaften allein vom Messgerät oder auch bzw. nur vom Bewusstsein des Experimentators abhängen. Außerdem stellt sich dann die Frage, ob nur die Eigenschaften oder auch die Existenz des Objektes umweltabhängig sind.

3.2.3 Vielheit der Formalismen

Im zweiten Kapitel wurde ausgeführt, dass ein gewichtiges Argument des Realisten gegenüber dem Instrumentalisten der Erfolg der Theorien ist. Der Erfolg der Theorien bei der Vorhersage von neuen Fakten und bei der technischen Anwendung wird verstehbar unter der Annahme einer Korrespondenz von Theorie und Wirklichkeit. Haben jedoch mehrere Theorien oder allgemeiner gesagt mehrere mathematische Formalismen den gleichen Erfolg, so ist offensichtlich, dass nicht alle zugleich wahr sein können. Nimmt man irgendeinen dieser Formalismen und deutet ihn realistisch, so wird der Antirealist den Vorwurf der Willkür erheben. Goodman (1990) begründet seinen erkenntnistheoretischen Antirealismus damit, dass es viele Weisen der Beschreibung der Wirklichkeit gibt, und dieses Argument beschränkt er nicht auf die Wissenschaftserkenntnis, sondern hat für ihn allgemeine Geltung. Diesem Argument kann man dadurch begegnen, dass man Gemeinsamkeiten zwischen den vielen Beschreibungen heraussucht, welche realistisch zu deuten sind.

In der QM gibt es mehrere gleichberechtigte Formalismen. Man unterscheidet das Schrödinger-, das Heisenberg- und das Wechselwirkungsbild. Wigner lieferte eine streng empiristische Formulierung, von Feynman gibt es die Methode der Pfadintegrale, äquivalent zur Vielteilchen-

Wellenmechanik gibt es die 2. Quantisierung, und schließlich kann man die QM auch auf eine rein algebraische Weise formulieren.[10]

Im Schrödingerbild ist der Zustand des Systems zeitabhängig und die Observablen sind zeitunabhängig, wohingegen im Heisenbergbild der Zustand zeitunabhängig und die Observablen zeitabhängig sind, und anstelle der Schrödinger-Gleichung hat man im Heisenbergbild die Heisenberg-Gleichung. Deutet man nur die Gemeinsamkeiten mehrerer Formalismen realistisch, so gibt es zwar noch eine zeitliche Veränderung, aber man kann sie nicht einfach dem System zusprechen. Es lässt sich keine objektive Aussage darüber machen, ob ein Referenzobjekt der Zustandsfunktion sich zeitlich ändert oder nicht. Insgesamt ist festzustellen, dass beim Übergang von einem Bild zu einem anderen die Observablen sich in Observable mit demselben Eigenwertspektrum und die Eigenvektoren in Eigenvektoren transformieren und dass die algebraischen und die Konjugationsbeziehungen und schließlich die Skalarprodukte sich nicht ändern (Messiah, 1976, I, 281).

Die 2. Quantisierung ist eine nichtrelativistische Quantenfeldtheorie. Hierbei werden Operatorenfelder als Funktion eines Satzes von Teilchenerzeugungs- und -vernichtungsoperatoren geschrieben, deren wesentliche Eigenschaft darin besteht, die Gesamtteilchenzahl zu verändern. Die besonderen Probleme dieses Ansatzes (z.B. die Bedeutung des Vakuum-Zustandes, der immer nur auf eine bestimmte Teilchensorte hin definiert ist und aus dem heraus Teilchen entstehen können, oder die Möglichkeit, dass mehrere Teilchen gleichzeitig am selben Ort sind) und seine Gemeinsamkeiten mit den anderen Formalismen sollen hier nicht behandelt werden. Das gleiche gilt für den Pfadintegralformalismus und für die algebraische Formulierung.[11] Für diejenigen, die QM zur Erkenntnis einer unabhängig von der Beobachtung existierenden Welt benutzen wollen, ist jedoch besonders problematisch die

---

[10] Unberücksichtigt geblieben sind dabei die Theorien, die den Formalismus der herkömmlichen nichtrelativistischen QM aus Annahmen über eine tiefer liegendere ontologische Ebene rekonstruieren; vgl. Jammer, 1974.

[11] Eine philosophische Analyse der 2. Quantisierung und der Pfadintegral-Methode gibt Stöckler, 1997. Über die algebraische Formulierung vgl. Segal, 1946.

Formulierung von Wigner (1973). Es handelt sich hierbei um eine Theorie im strengen empiristischen Sinne, in der es keinen Zustandsvektor und keine Bewegungsgleichung gibt und die nur eine Folge von Messergebnissen bzw. Beobachtungen behandelt. Wigner baut die QM in den Begriffen des Projektionsoperators P_i aufeinanderfolgender Messungen auf, wobei die Verknüpfung zweier Messungen mit dem Ergebnis i und j durch die folgende Gleichung ausgedrückt wird: $Sp(P_j'P_i)/Sp(P_i) = Sp(P_iP_j'P_i)/Sp(P_i)$. Damit erhält man die Wahrscheinlichkeit, dass die zweite Messung j ergibt, wenn die erste Messung i lieferte. „No description of the state of the system is used, by state vector or otherwise. It appears that our theory denies the existence of absolute reality – a denial which is unacceptable to many. It seems to me, however, that it is not necessary to go that far in our conclusions. By referring only to outcomes of observations one does not necessarily deny that there is something real behind the observation – whatever the word 'real' may mean. There may be any amount of old-fashioned reality behind the scenes; it is only that quantum mechanics does not deal with it but only with probabilities for the outcomes of observations" (Wigner, 1973, 376).[12] Ein erkenntnistheoretischer Realist kann bei seinen Interpretationsversuchen nur schwer auf diesen Formalismus zurückgreifen.

Selbst wenn z.B. das Schrödingerbild realistisch gedeutet werden könnte, so müsste noch begründet werden, warum dieser Formalismus als objektive Erkenntnis gelten könnte. Angenommen das Schrödingerbild wäre interpretierbar und die anderen Formalismen nicht. Ist Interpretierbarkeit schon ein Wahrheitskriterium, so dass dadurch die

---

[12] „Keine Beschreibung des Systemzustandes wird benutzt, weder durch einen Zustandsvektor noch anderweitig. Es scheint so, dass unsere Theorie die Existenz der absoluten Realität leugnet – eine Leugnung, die für viele unakzeptabel ist. Es scheint mir jedoch, dass es nicht notwendig ist, so weit in unseren Schlussfolgerungen zu gehen. Indem man sich nur auf die Ergebnisse von Beobachtungen bezieht, leugnet man nicht notwendigerweise, dass es etwas Reales hinter der Beobachtung gibt – was immer das Wort „real" auch bedeuten mag. Es mag jede Menge altmodischer Realität hinter der Szenerie geben; es ist nur so, dass sich die Quantentheorie damit nicht beschäftigt, sondern nur mit Wahrscheinlichkeiten für Beobachtungsergebnisse."

Präferenz dieses bestimmten Formalismus gerechtfertigt wäre? Die experimentelle Bestätigung gilt für alle Formalismen und welche gewichtigen zusätzlichen Argumente hat der Realist noch? Es ist zweifelhaft, ob man mit der willkürlichen Auswahl eines Formalismus den Argumenten von Antirealisten wie Putnam (1982) und Goodman (1990) begegnen kann. [13] Realistische Interpreten greifen meistens auf das Schrödingerbild zurück – diese Auswahl verlangt eine Begründung.

3.2.4 Der Konfigurationsraum

Ich komme nun zu einem Problem, das sich vor allem denjenigen Interpreten stellt, welche der Wellenfunktion eine reale Welle zuordnen. Der Zustandsvektor ist gegeben in einem abstrakten mathematischen Konfigurationsraum und dabei stellt sich die Frage: „ist denn der Konfigurationsraum ein »wirklicher« Raum?" (Heisenberg, 1986, 145). Einer realistischen Deutung stehen vier Schwierigkeiten gegenüber:

a) Dieser Raum ist unendlich-dimensional.

b) Die Anzahl der Dimensionen hängt davon ab, wie viele Objekte man in seine Betrachtung einbezieht. Weder kann die Dimensionszahl eines physikalischen Raumes davon abhängen, wie viele Objekte man gerade behandelt, noch können alle verschiedenen möglichen Dimensionszahlen gleichzeitig existieren.

c) Der Hilbertraum ist komplex, und gewöhnlich werden nur reelle Größen physikalisch gedeutet.

---

[13] Obwohl sich Putnam als „internen Realisten" bezeichnet, wird er hier als wissenschaftlicher Antirealist behandelt, da sein interner Realismus nicht mehr als wissenschaftlicher Realismus im hier verwendeten Sinne gelten kann.

d) Die Beziehung des Konfigurationsraumes zur 4-dimensionalen Raumzeit ist unklar. Der realistische Interpret steht dem Phänomen gegenüber, „daß die beiden gegenwärtigen fundamentalen Theorien, Quantenmechanik und Relativitätstheorie, zwei Kontinua verwenden, die keine Beziehung zueinander haben, einerseits das reelle, 4-dimensionale Kontinuum der Raumzeit und dann ein fiktives, unendlich-dimensionales, komplexes Kontinuum des Hilbert-Raumes. Bei der Bearbeitung eines konkreten Problems werden diese einfach überlagert, ohne daß man sich weitere Gedanken über ihr Zusammenwirken macht" (Kanitscheider, 1987a, 135).

3.2.5 Das Gesamtsystem nach einer Wechselwirkung

Zwei Objekte seien vor einer Wechselwirkung durch die beiden Funktionen mit der Basis $u_k(x)$ und $v_r(y)$ gegeben:

$$\Psi(x) = \sum_k \psi_k u_k(x), \qquad \Phi(y) = \sum_r \phi_r v_r(y).$$

Die gemeinsame Wellenfunktion lässt sich vor der Wechselwirkung schreiben als

$$\Psi(x, y) = \Psi(x)\Phi(y) = \sum_{k,r} \psi_k \phi_r u_k(x) v_r(y).$$

Nach der Wechselwirkung hat sie die Form

$$\Psi(x, y) = \sum_{k,r} \psi_{kr} u_k(x) v_r(y),$$

wobei die ψ_{kr} nicht mehr die spezielle Form eines Produktes $\psi_k \phi_r$ der Einzelsysteme haben. Den beiden Objekten lassen sich nun nicht mehr wie vor der Wechselwirkung zwei getrennte Funktionen zuordnen, selbst wenn sie beide für beliebig späte Zeit nach der Wechselwirkung beliebig weit voneinander entfernt sein können. Diese „Verschränkung" wird erst durch eine Messung an einem der beiden Teilsysteme aufgehoben. Der mathematische Formalismus besagt also in realistischer Deutung, dass zwei autonome Objekte durch eine Wechselwirkung zu einem einzigen Objekt werden und dieses auch solange bleiben, bis dieses Objekt durch eine Messung wieder zu zwei Objekten wird – egal wie weit beide Teilobjekte voneinander entfernt sind.

Auf die Besonderheiten, die bei der Messung an einem Teilsystem auftreten, wird im nächsten Kapitel eingegangen. Aber allein die Aussage, dass zwei weit entfernte Systeme ein Objekt bilden, macht den Versuch intuitiv unplausibel, die Zustandsfunktion als eine Beschreibung realer Objekte zu betrachten.

3.2.6 Reduktion der Zustandsfunktion

Betrachtet man die QM nur als ein nützliches Werkzeug, das statistische Korrelationen zwischen aufeinander folgenden Messungen liefert, dann stellen sich die in diesem Abschnitt zu behandelnden ontologischen Probleme nicht. Anders sieht es aus, wenn man die Wellenfunktion als eine Beschreibung von Objekten betrachtet. In der klassischen Physik bewirkte die Messung keinerlei spürbare Störung des zu messenden Objektes; es gab Messfehler, aber diese eliminierte man durch eine Mittelung über mehrere Messungen. Die Ergebnisse dieser Messungen lieferten, so nahm man an, eine objektive Beschreibung des Zustandes, in dem sich das Objekt in der Beobachtungssituation, aber auch schon vor dem Messakt befand. Bei der Messung wurde der Zustand des Objektes zur Kenntnis genommen, ohne ihn spürbar zu ändern.

Entscheidend anders liegt die Situation in der QM. In der Beobachtung wird die Zustandsfunktion in der Regel verändert, und der beobachtete Messwert gibt keine vollständige und objektive Beschreibung des

Objektes vor der Messung. Hierin liegt jedoch nicht das Problem, denn Messungen haben nicht unbedingt die primäre Funktion, objektive Erkenntnisse über die Welt zu liefern, vielmehr haben sie in der wissenschaftlichen Forschung eine Testfunktion. Durch Beobachtungen testet man Theorien, welche uns die Welt objektiv beschreiben sollen. Das Problem liegt darin, dass der Beobachtungsvorgang selbst durch den quantenmechanischen Formalismus beschrieben werden sollte, da dieser für die meisten Realisten ja ebenfalls ein realer Vorgang ist. Lediglich wer in der Leib-Seele-Problematik einen dualistischen Standpunkt einnimmt, könnte auf eine physikalische Beschreibung der Beobachtung verzichten, da es sich in diesem Falle um einen immateriellen Vorgang handeln würde.[14] Die in der QM auftretenden Probleme stellen sich jedoch schon beim physikalischen Messakt, der allerdings bei der von Neumannschen Messtheorie bis zum eigentlichen psychischen Beobachtungsakt weiterverfolgt wird.

In ihrer Standardform enthält die QM zwei Teile: Die Bewegungsgleichung bestimmt die deterministische Änderung der Zustandsfunktion im Lauf der Zeit (im Schrödingerbild), und die Beobachtungstheorie gibt die Wahrscheinlichkeiten für die einzelnen möglichen Beobachtungswerte für einen Zustand. Soll die Beobachtung kein außerphysikalischer Vorgang sein, so muss der Beobachtungsprozess durch die Bewegungsgleichung beschrieben werden können. Die Schwierigkeit wird aber schon dadurch deutlich, dass die Bewegungsgleichung deterministischer, die Beobachtungsergebnisse jedoch statistischer Natur sind.

Die erste Messtheorie wurde 1932 von Johann von Neumann (1968) entwickelt und von London und Bauer (1983) durchsichtiger und expliziter formuliert. Bei dieser sogenannten orthodoxen Deutung der QM werden die Schwierigkeiten des Messprozesses besonders gut deutlich,

---

[14] Hinzugefügt sei noch, dass Dualisten die QM nur dann als Argument für den Dualismus benutzen könnten, wenn sie zusätzlich zur psychologischen Deutung des Beobachtungsaktes auch die anderen Interpretationsprobleme der QM befriedigend lösen könnten. Die QM kann nur dann für den Dualismus ein Argument sein, wenn die QM tatsächlich etwas über die Realität aussagt. Darüber hinaus hat der dualistische Standpunkt zahlreiche eigene Probleme.

weshalb die Version von London und Bauer kurz dargestellt werden
soll: Es soll die Größe $F(x, p_x)$ an einem Objekt, das im Zustand $\Psi = \sum_k \psi_k u_k(x)$ ist, gemessen werden, wobei u_k jene Eigenfunktion ist,
die dem Wert f_k von $\hat{F}$ entspricht. Für den Messapparat seien $G(y, p_y)$
die Anzeigeeigenschaft, g_r die Zeigerstellung, $v_r(y)$ die Eigenfunktion
des Operators $\hat{G}$ und $v_0(y)$ der Nullpunkt des Messgerätes. Dann hat
das Gesamtsystem Objekt + Apparat vor der Wechselwirkung den Zustand $\Psi(x, y) = v_0(y) \sum_k \psi_k u_k(x)$ und nach der Wechselwirkung
$\Psi(x, y) = \sum_{k,r} \psi_{kr} u_k(x) v_r(y)$. Wichtig ist, dass vor der Wechselwirkung sowohl das Objekt als auch der Messapparat und das Gesamtsys-
tem Objekt + Apparat in einem sogenannten reinen Zustand sind, dass
aber nach der Wechselwirkung zwar noch das Gesamtsystem in einem
reinen Zustand ist, die beiden Teilsysteme sich jedoch in Gemenge ver-
wandelt haben. Damit es sich um eine Messung handelt, muss es möglich sein, von den angezeigten g_r des Apparates auf die Werte der Ob-
jekteigenschaft f_k zu schließen. Eine solche eindeutige Entsprechung
erreicht man durch die Forderung $r = k$, deren Erfüllbarkeit hier nicht
weiter besprochen werden soll. Dann kann man die Aussage der Funk-
tion $\Psi(x, y)$ nach der Messung von $\hat{F}$, $\Psi(x, y) = \sum_k \psi_k u_k(x) v_k(y)$,
so deuten, dass das Objekt und der Apparat jeweils den Charakter eines
Gemenges besitzen und $p_k = |\psi_k|^2$ die Wahrscheinlichkeit angibt, das
Objekt im reinen Zustand u_k mit dem Eigenwert $F = f_k$ und das Messgerät mit der Anzeige $G = g_k$ vorzufinden. Bis zu diesem Punkt stehen
die Bewegungsgleichung und die Messtheorie noch nicht im Konflikt
miteinander.

Das Gesamtsystem Objekt + Apparat befindet sich in einem reinen Zustand, die beiden Teilsysteme sind jedoch jeweils ein Gemenge. Die
grundlegende Schwierigkeit ist nun die Frage, wie aus den Gemengen
jeweils ein reiner Zustand wird, denn man beobachtet ja nach der Wechselwirkung genau einen Apparat, der durch seine Zeigerstellung den
Objektwert angibt. Wie kommt man von der Superposition $\Psi(x, y) = \sum_k \psi_k u_k(x) v_k(y)$ zum Zustand $\Psi(x, y) = u_k(x) v_k(y)$? Dies ist das
Problem der Reduktion oder des Kollapses der Wellenfunktion. So-
lange sich das Gesamtsystem isoliert von seiner Umwelt entwickelt,
bleibt es in dem reinen Zustand der Superposition. Diesen reinen Zustand kann man aufheben, indem man das Gesamtsystem mit einem

anderen Objekt z wechselwirken lässt. Nach dieser Wechselwirkung erhält man die Zustandsfunktion $\Psi(x, y, z) = \sum_k \psi_k u_k(x) v_k(y) w_k(z)$. Der reine Zustand des vorherigen Gesamtsystems ist nun zerstört worden, und man erhält für drei Teilsysteme jeweils ein Gemenge, wohingegen der neue Gesamtzustand ein reiner Superpositionszustand ist. Das eigentliche Problem wurde also nicht gelöst, sondern verschoben. Das Dilemma des Realisten ist, dass das Gemenge eines Teilsystems nach dem heutigen quantenmechanischen Formalismus durch keine materielle Wechselwirkung in einen reinen Zustand überführt werden kann – das Gesamtsystem bleibt immer eine Superposition.

An dieser Stelle wird deshalb in der orthodoxen Interpretation die Bewegungsgleichung außer Kraft gesetzt und die Subjektivität des Beobachters kommt zum Einsatz. Die Ablesung der Zeigerstellung durch das erkennende Subjekt liefert die Auswahl aus den Komponenten des Gemenges und ordnet dem Objekt einen neuen reinen Fall einer Wellenfunktion zu. Um dieses klarer zu sehen, soll noch einmal das Gesamtsystem mit den drei Teilsystemen x, y, z betrachtet werden, wobei x das Objekt, y der Messapparat und z nun der Beobachter ist: $\Psi(x, y, z) = \sum_k \psi_k u_k(x) v_k(y) w_k(z)$. Einem zweiten Beobachter liefert die Funktion $\Psi(x, y, z)$ eine maximale Beschreibung des Gesamtsystems, welches aus dem Objekt x, dem Apparat y und dem ersten Beobachter z besteht. Er weiß jedoch nicht, welchen Wert das Objekt x hat. Für den Beobachter z sieht es nach London und Bauer anders aus. Für den Beobachter z gehören das Objekt x und der Apparat y zu seiner Außenwelt, wohingegen er seinen eigenen Zustand durch die Fähigkeit der Introspektion kennt. Durch diese Fähigkeit „schafft er seine eigene Objektivität", „durchbricht die Kette der statistischen Korrelationen" und erklärt: „Ich bin im Zustand w_k" oder „Ich sehe $G = g_k$" oder „$F = f_k$" (London und Bauer, 1983, 252).

Wohingegen also ein äußerer Beobachter über den Zustand des Objektes unwissend ist, schafft der Beobachter z eine neue Funktion $\Psi(x) = u_k(x)$. Eine Messung wird abgeschlossen durch das Bewusstsein desjenigen, der den Messapparat tatsächlich beobachtet. „Moreover, it looks as if the result of a measurement is intimately linked to the consciousness of the person making it, and as if quantum mechanics thus drives us toward complete solipsism" (London und Bauer, 1983, 258).[15]

Dem drohenden Solipsismus wollen London und Bauer durch den Bezug auf die Gemeinschaft der Forschenden entgehen. Zwar ist es das Einzel-Ich, das die Zustandsreduktion durchführt, die Kopplung zwischen Messgerät und Beobachter ist aber eigentlich makroskopischer Natur, weshalb man die Wirkung des Beobachterblickes auf den Apparat vernachlässigen könne. Deshalb ist der Zustand des Apparates Träger der Information über den Zustand des Objektes vor der Beobachtung, aber nach der Wechselwirkung. Dies ermöglicht es, von der Individualität des Beobachters abzusehen und die Forderung der Intersubjektivität zu erfüllen. Außerdem können andere Beobachter den gleichen Apparat beobachten und machen dann die gleichen Beobachtungen.

London und Bauer lösen das Messproblem, indem sie dem Bewusstsein die Fähigkeit zusprechen, „die Kette der statistischen Korrelationen" zu durchbrechen. Dass der menschliche Körper von den Gesetzen der Physik abweicht, will Wigner verdeutlichen anhand eines Argumentes, dass unter dem Stichwort „Wigner und sein Freund" bekannt ist (Wigner, 1967, Kap. 13). Gegeben sei ein Objekt, das entweder im Zustand ψ_1 ist, wobei es etwa einen Blitz aussendet, oder in einem Zustand ψ_2, wobei es keinen Blitz aussendet. Wigners Freund beobachtet dieses Objekt, und im ersten Fall sei der Zustand des Freundes ϕ_1 und im zweiten Fall ϕ_2. Das gemeinsame System Objekt + Freund hat demnach im ersten Fall den Zustand $\psi_1\phi_1$ und im zweiten Fall $\psi_2\phi_2$. Falls aber der Anfangszustand eine Superposition $\alpha\psi_1 + \beta\psi_2$ ist, die eintritt, wenn das Aufleuchten des Objektes durch einen stochastisch-elementaren Prozess, wie ein radioaktiver Zerfall, verursacht wird, dann folgt aus dem Superpositionsprinzip, dass sich das Gesamtsystem Objekt +

---

[15] „Darüber hinaus sieht es so aus, als ob das Ergebnis einer Messung auf innigste Weise mit dem Bewusstsein der ausführenden Person verbunden wäre und als ob uns also die Quantenmechanik dem völligen Solipsismus entgegentreiben würde."

Freund im Zustand befindet $\chi = \alpha\psi_1\phi_1 + \beta\psi_2\phi_2$. Wenn Wigner jetzt seinen Freund fragt, ob er einen Blitz sah oder nicht, wird die Wahrscheinlichkeit für eine positive Antwort $|\alpha|^2$ und für eine negative Antwort $|\beta|^2$ sein. Wenn man nun aber den Freund fragt, ob er einen Blitz sah oder nicht, bevor er gefragt wurde, so wird er die Antwort entweder bejahen oder verneinen, je nachdem, was der Fall war. Also muss sich die Superposition χ sofort nach der Wechselwirkung zwischen dem Objekt und dem Freund entweder auf $\psi_1\phi_1$ oder auf $\psi_2\phi_2$ reduziert haben. Dies wäre aber nicht der Fall gewesen, wenn ein physikalischer Registrierapparat die Rolle des Freundes übernommen hätte.

Die entscheidende Stelle dieser Messtheorie bzw. dieser Interpretation der QM wird noch deutlicher, wenn man sie mit Heisenbergs Deutung vergleicht. Heisenberg stimmt in vielen Punkten mit Bohr überein, es gibt aber auch wichtige Unterschiede zwischen den beiden Kopenhagener Interpreten. Er stimmt mit Bohr darin überein, dass alle Experimente und ihre Ergebnisse in der Sprache der klassischen Physik zu beschreiben seien. Für ihn ist jedoch der mathematische Formalismus nicht nur ein rein symbolisches Schema zur Voraussage von Messergebnissen, welches keinerlei Referenzobjekte beschreibe. Für Heisenberg ist die Wahrscheinlichkeit eine neue „Art von »objektiver« physikalischer Realität. Dieser Wahrscheinlichkeitsbegriff ist eng verwandt mit dem Begriff der Möglichkeit, der »Potentia« in der antiken Naturphilosophie, z.B. bei Aristoteles; er ist gewissermaßen die Wendung des antiken »Möglichkeitsbegriffs« vom Qualitativen ins Quantitative" (Heisenberg, 1986, 140). Dieses Potentielle ist für Heisenberg etwas Reales, das aber nicht in den klassischen, in den raumzeitlichen Begriffen beschrieben werden könne und das man deshalb über den mathematischen Formalismus hinausgehend nicht beschreiben könne.[16] Der Superpositionszustand eines Objektes repräsentiere diese Potentialität. Das Entscheidende ist, dass nach Heisenberg in der Wechselwirkung des Objektes mit dem Messgerät diese Potentialität in die Aktualität übergeht. Dies wird dadurch deutlich, dass dem Objekt nach der

---

[16] Heisenberg bezeichnet jedoch diesen Potentia-Zustand nicht als „real", da er diesen Begriff anders definiert, als wir es im ersten Kapitel getan haben. Heisenberg unterscheidet zwischen der raumzeitlichen Realität und dem aristotelisch-platonischen Wirklichkeitsbereich.

Wechselwirkung kein reiner Zustand, sondern ein Gemenge zugeordnet ist. Wenn also das Gesamtsystem Objekt + Apparat nach der Wechselwirkung den Zustand $\Psi(x, y) = \sum_k \psi_k u_k(x) v_k(y)$ besitzt, dann liegt ein bestimmter Zustand $u_k(x) v_k(y)$ tatsächlich vor, und nur weil wir vor der Ablesung des Messgerätes noch unwissend sind, welche Aktualität vorliegt, können wir noch nicht die neue Zustandsfunktion hinschreiben, sondern benutzen noch die Superpositionsfunktion, welche nun eine Potentialität im Sinne der Unwissenheit ausdrückt. Die Zustandsfunktion hat somit für Heisenberg zwei Komponenten. „Die Wahrscheinlichkeitsfunktion vereinigt objektive und subjektive Elemente. Sie enthält Aussagen über Wahrscheinlichkeiten oder besser Tendenzen (Potentia in der aristotelischen Philosophie), und diese Aussagen sind völlig objektiv, sie hängen nicht von irgendeinem Beobachter ab. Außerdem enthält sie Aussagen über unsere Kenntnis des Systems, die natürlich subjektiv sein müssen, insofern sie ja für verschiedene Beobachter verschieden sein können" (Heisenberg, 1990, 36). Wichtig ist nun, dass Heisenberg das Gemenge des Teilsystems nach der Wechselwirkung epistemisch deutet: Es liegt tatsächlich nur ein Zustand vor, wir wissen nur noch nicht welcher.

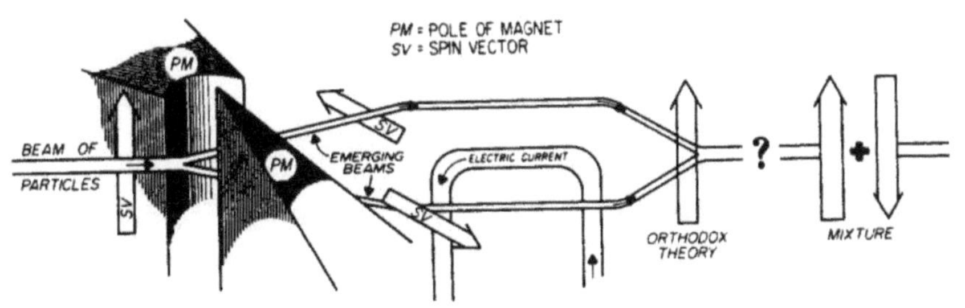

Abbildung 3.2: Wigners Stern-Gerlach Experiment (aus Wigner, 1967, 160)

Die Deutung, dass aus dem Gemenge genau ein Zustand vorliegt und wir nur noch nicht wissen welcher, kritisiert Wigner dadurch, dass sie experimentellen Befunden widerspreche, wofür er das Stern-Gerlach

Experiment anführt (s. Abb. 3.2): Nach der Aufspaltung eines Teilchenstrahls durch ein Magnetfeld hat das Gesamtsystem Teilchen + Apparat Eigenschaften, die keines der beiden Teilstrahlen besitzt. Dies lässt sich dadurch testen, dass man beide Teilstrahlen durch ein zweites Magnetfeld wieder zusammenführt, wodurch es zur Interferenz kommt und man wieder den ursprünglichen Teilchenstrahl erhält (Wigner, 1967, 159f).

Deutet man einen reinen Zustand ontologisch als eine Potentialität im aristotelischen Sinne, ein Gemenge jedoch epistemisch, so ergeben sich noch zwei Schwierigkeiten. Einerseits verlagert man nach der Wechselwirkung die Bedeutung des Formalismus von der ontologischen zur epistemischen Ebene, was an sich schon ungewöhnlich ist. Andererseits ist das Gesamtsystem Objekt + Apparat nach der Wechselwirkung (und vor der Wechselwirkung mit einem zweiten Messapparat oder einem Beobachter) in einem reinen Zustand, die Untersysteme jeweils im Gemenge, so dass gleichzeitig eine ontologische und eine epistemische Deutung der Zustandsfunktion vorliegen müsste. Bohr und Heisenberg werden manchmal dahingehend verstanden, dass beide Interpreten die Anwendbarkeit der QM auf Makroobjekte geleugnet haben sollen, so dass die gerade genannte gleichzeitige ontologische und epistemische Deutung nicht vorläge. Manche Äußerungen Heisenbergs legen diese Auslegung nahe (s. Zitat S. 25); Bohr und Heisenberg äußerten sich bei diesem Punkt sehr widersprüchlich. In seiner Verteidigung der QM gegenüber Kritiken Einsteins musste aber Bohr die QM auch auf Makroobjekte, auf Messgeräte, anwenden (Bohr, 1985, Kap. 4), und auch Heisenberg betrachtete Bohrs Gegenkritiken als erfolgreich. Es sollen also nach Bohr und Heisenberg der Versuchsaufbau und die Versuchsergebnisse nur klassisch beschrieben werden, das Versuchsobjekt kann aber auch ein Makroobjekt und also auch ein Gesamtsystem Mikroobjekt + Apparat sein (Scheibe, 1973). Bei makroskopischen Problemen benutzen Physiker gern den klassischen Formalismus; dieser Formalismus wird aber nicht deshalb bevorzugt, weil die QM hier ungültig sei, sondern weil es bei makroskopischen Phänomenen zwischen beiden Theorien in der Regel keine nennenswerten quantitativen Unterschiede gibt, der klassische Formalismus jedoch einfacher zu handhaben ist. Die Unschärferelationen, das Verbot der gleichzeitigen exakten Messung z.B. von Ort und Impuls, gelten (so nimmt man an) ebenso wie alle anderen quantenmechanischen Gesetze auch für Makroobjekte.

Für eine realistische Deutung der Zustandsfunktion soll die anschauliche Bedeutung eines Gemenges und die Reduktion durch die Beobachtung noch einmal verdeutlicht werden anhand des Lokomotivgleichnisses von N. Rosen: In diesem Gedankenexperiment nimmt man an, dass ein Objekt im reinen Zustand, der aus einer linearen Kombination eines parallelen und eines antiparallelen Spinzustandes mit gleichen Koeffizienten besteht, in ein Magnetfeld eintritt. In Abhängigkeit von den beiden Spinrichtungen läuft es in eine Nebelkammer A oder B, wo jeweils ein Relais ausgelöst wird, das veranlasst, dass im Fall A eine Lokomotive von einem Punkt 100 km nach Norden, im Fall B 100 km nach Süden fährt. Die QM sagt nun nicht, dass die Lokomotive sich in dem einen <u>oder</u> in dem anderen Zustand (100 km nach Norden <u>oder</u> 100 km nach Süden fahrend) befindet, wir es aber nur noch nicht wissen. Das in der QM auftretende Gemenge ist ein Zustand, bei dem die Lokomotive in beide Richtungen fährt: 100 km nach Norden <u>und</u> 100 km nach Süden. Die Zustandsreduktion tritt auf, wenn jemand die Beobachtung durchführt, in welche Richtung die Lokomotive tatsächlich fährt.

Beim Kollaps der Wellenfunktion ergeben sich für diejenigen, die die Zustandsfunktion realistisch deuten wollen, folgende Schwierigkeiten:

a) Nach der Wechselwirkung ist das Gesamtsystem in einer Superposition und die Teilsysteme bilden jeweils ein Gemenge. Bislang ist es nicht gelungen, die Superposition durch die Bewegungsgleichung zu reduzieren und also die Beobachtungstheorie auf die Bewegungsgleichung zurückzuführen.

Damit verbunden ist, dass der Übergang vom Superpositionszustand zum beobachteten reinen Zustand des Teilsystems bislang nicht als ein kontinuierlicher Vorgang beschreibbar ist; er ist diskontinuierlich, a-kausal, momentan. „Die abrupte Veränderung durch die Messung ... ist der interessanteste Punkt der ganzen Theorie. Es ist genau *der* Punkt, der den Bruch mit dem naiven Realismus verlangt. Aus *diesem* Grund kann man die Ψ-Funktion *nicht* direkt an die Stelle des Modells oder des Realdings setzen. Und zwar nicht etwa weil man einem Realding oder einem Modell nicht abrupte unvorhergesehene Änderungen zumuten dürfte, sondern weil vom realistischen Standpunkt die Beobachtung ein Naturvorgang ist wie jeder andere und nicht per se eine Unterbrechung des regelmäßigen Naturverlaufs hervorrufen darf" (Schrödinger, 1986, 110).

b) Das Problem der Reduktion der Wellenfunktion ist nicht nur bei der Wechselwirkung mit dem Messgerät gegeben. In wesentlich verschärfter Form stellt sich diese Schwierigkeit bei einem Gedankenexperiment, das Renninger konstruiert hat (s. Abb. 3.3):

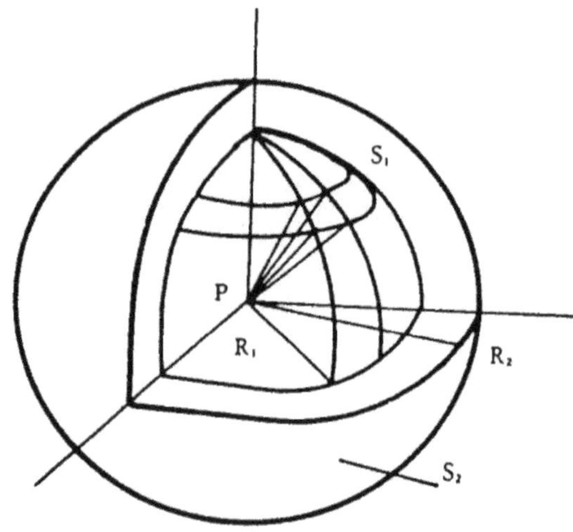

Abbildung 3.3: Renninger-Paradox (aus Kanitscheider, 1979, 244)

„Vom Punkt P wird in $t = 0$ ein Photon emittiert. In der Entfernung R_1 ist aus der Kugel mit diesem Radius ein Schirm S_1 mit dem Raumwinkel $4\pi - \Omega$ ausgeschnitten; im Abstand R_2 ist ein Szintillationsschirm in Form einer Vollkugel, d.h. mit dem Winkel 4π, aufgestellt. Die Auftreffwahrscheinlichkeit W_1 und W_2 des Photons auf S_1 und S_2 ist dann

$$W_1 = \frac{4\pi - \Omega}{4\pi} \quad \text{bzw.} \quad W_2 = \frac{\Omega}{4\pi}.$$

Nun ist der Zeitpunkt der möglichen Registrierung des Photons auf S_1 früher als derjenige auf S_2. Beobachtet man auf S_1 in $t_1 = \frac{R_1}{c}$ ein Aufblitzen, so bedeutet dies eine Zustandsreduktion: Die Wahrscheinlichkeit, daß das Photon zur Zeit $t_2 = \frac{R_2}{c}$ auf S_2 auftrifft, wird schlagartig Null, obwohl sie vor dem Auftreffen des Photons auf S_1 noch $\frac{\Omega}{4\pi}$ war. In diesem Fall wird die Reduktion durch einen Eingriff ins Geschehen bewirkt. Anders liegt die Sache, wenn man beobachtet, daß zur Zeit t_1 kein Blitz auf S_1 zu sehen ist; dann ändert sich die Wahrscheinlichkeit W_2 ebenfalls sprunghaft, sie wird 1, es ist sicher, daß das Photon in t_2 nach S_2 gelangt" (Kanitscheider, 1979, 243f).

Bei diesem Gedankenexperiment erfolgt im zweiten Fall eine Reduktion der Wellenfunktion schon zu einem Zeitpunkt, bei dem das Photon mit dem Messgerät noch gar nicht in Kontakt getreten ist. Versuche, die Reduktion der Wellenfunktion thermodynamisch durch die Wechselwirkung mit dem Messgerät zu erklären, können dieser Situation nicht gerecht werden.

c) Ein weiteres Argument gegen die Objektivität der Reduktion des Zustandsvektors ist, dass die Reduktion Probleme mit der Relativitätstheorie aufwirft. Dies wird gut deutlich bei der EPR-Situation. Da diesem Thema ein eigener Abschnitt gewidmet ist, soll es hier nur kurz angedeutet werden: Nach einer Wechselwirkung sollen zwei Protonen durch die Zustandsfunktion

$$\Psi(1,2) = \frac{1}{\sqrt{2}}\{u_+(1)u_-(2) - u_-(1)u_+(2)\}$$

gegeben sein, wobei u_+ der Eigenvektor für positiven und u_- der Eigenvektor für negativen Spin ist und (1) bzw. (2) das erste bzw. das zweite Proton angibt. Durch eine Messung zur Zeit t_0 reduziert sich diese Funktion, so dass entweder $u_+(1)u_-(2)$ oder $u_-(1)u_+(2)$ vorliegt. In realistischer Deutung besagt dies, dass durch die Messung die beiden Protonen zur gleichen Zeit in einen bestimmten Zustand übergehen. Nach der Relativitätstheorie ist jedoch Gleichzeitigkeit ein bezugssystemabhängiger Begriff, so dass die Zeitpunkte der Entstehung der bestimmten Werte beider Systeme in verschiedenen Bezugssystemen eine andere Reihenfolge haben sollten (Penrose, 1986, 133; Stöckler, 1986b, 307). Bei einer realistischen Deutung der QM scheint also diese Theorie in Konflikt mit der Relativitätstheorie zu stehen.

3.3 Die Unschärferelation

Die allgemeine Unschärferelation, die aus den drei allgemeinen Prämissen a) der Kommutatorgleichung, b) der Definition der Standardabweichung einer dynamischen Variable und c) der Schwartzschen Ungleichung folgt, besagt, dass das Produkt der Standardabweichungen zweier nicht-kommutierender Variablen immer größer oder gleich einer positiven Konstante ist. Für Ort und Impuls gilt:

$$\triangle x \cdot \triangle p \geq \hbar/2.$$

Spätestens bei der Heisenbergschen Ungleichung kommt durch die zweite Prämisse explizit die Statistik in den Formalismus. Das Problem ist, welche physikalische Bedeutung der Statistik zukommt. Ein Antirealist kann nun folgendermaßen argumentieren: Da ein Teilchen zu jedem Zeitpunkt nur einen Ort und einen Impuls haben kann, kann sich der Formalismus nicht auf Realstrukturen beziehen, sondern bezieht sich lediglich auf unsere Beobachtungen oder unser Wissen über die Welt, und die Unschärferelation ist als prinzipielle Messungenauigkeit oder als Unwissenheit der genauen Werte zu deuten.

Das Problematische an dieser Ungleichung wird besonders deutlich, wenn man sich fragt, was mit einem Objekt bei einer Messung geschehen muss, damit diese Ungleichung erfüllt bleibt. Führt man zum Beispiel eine sehr exakte Ortsmessung durch, so dass die Standardabweichung der Ortswerte null wird, dann muss die Standardabweichung der Impulswerte unendlich groß werden. Ein genauer Ort führt also zur völligen Unbestimmtheit des Impulses. Führt man danach eine Impulsmessung durch, so dass die Standardabweichung der Impulswerte verschwindet, so muss, damit die Ungleichung erfüllt bleibt, die Standardabweichung der Ortswerte unendlich groß werden. Bedeutet das, dass die Messung einer Variable die anderen Variablen physikalisch verändert? Bevor Heisenberg die QM im Sinne der aristotelischen Potentialitäten deutete (s. Kap. 3.2.6, S. 50f), versuchte er, die Unschärferelation darauf zurückzuführen, dass in der Beobachtung das beobachtete Phänomen auf unkontrollierbare Weise gestört würde. Diese Interpretation beschrieb er folgendermaßen: „Der Ort des Elektrons wird mit einer Genauigkeit bekannt sein, die durch die Wellenlänge des γ-Strahls [mit dem die Beobachtung durchgeführt wird] gegeben ist. Nehmen wir an, das Elektron sei vor der Beobachtung praktisch in Ruhe gewesen. In dem Akt der Beobachtung muß mindestens ein Lichtquant des γ-Strahls durch das Mikroskop durchgegangen und vorher vom Elektron abgelenkt worden sein. Daher hat das Elektron von dem Lichtquant einen Stoß erlitten, es hat seine Bewegungsgröße und seine Geschwindigkeit geändert. Man kann zeigen, daß die Unbestimmtheit dieser Änderung ebenso groß ist, daß die Gültigkeit der Unbestimmtheitsrelation nach dem Stoß garantiert wird" (Heisenberg, 1990, 30f). Niels Bohr akzeptierte diese Deutung nicht, in einem ähnlichen Zusammenhang äußerte er einmal: „Außerdem finde ich solche Formulierungen wie ›die Beobachtung stört das Phänomen‹ ungenau und irreführend. In Wirklichkeit haben wir doch bei den atomaren Erscheinungen von der Natur die Belehrung empfangen, daß man das Wort ›Phänomen‹ gar nicht anwenden kann, ohne gleichzeitig genau zu sagen, an welche Versuchsanordnung oder welches Beobachtungsmittel dabei gedacht werden soll. Wenn eine bestimmte Versuchsanordnung beschrieben ist und wenn dann ein bestimmtes Beobachtungsergebnis vorliegt, so kann man schon von Phänomen reden, aber nicht von einer Störung des Phänomens durch die Beobachtung. Es ist zwar wahr, daß man die Ergebnisse verschiedener Beobachtungen nicht mehr so einfach aufeinander beziehen kann, wie das in der früheren Physik möglich war. Aber man sollte das nicht als Störung des Phänomens durch die Beobachtung auffassen; sondern sollte eher von der Unmöglichkeit sprechen, das Ergebnis der Beobachtung so zu objektivieren, wie das in der klassischen Physik oder in der täglichen Erfahrung geschieht" (Heisenberg, 1985, 127).

Mit der Unschärferelation ist noch ein weiteres Rätsel verbunden. Die Zustandsfunktion kann beispielsweise niemals gleichzeitig Orts- und Impulseigenfunktionen enthalten. Deutet man die Wellenfunktion als eine vollständige Beschreibung eines realen Objektes, so kann man dem Objekt nicht gleichzeitig Orts- und Impulseigenschaften zusprechen – die Unschärferelation macht jedoch eine Aussage über das Produkt der Standardabweichungen beider Eigenschaften; in dieser Formel treten beide Eigenschaften auf.

3.4 Der Wahrscheinlichkeitsbegriff

Ist die Zustandsfunktion durch $\Psi = \sum_k c_k u_k$ gegeben, so ist $|c_k|^2$ ein Maß für die Wahrscheinlichkeit, das Objekt im Eigenzustand u_k vorzufinden. Obwohl es nicht der Indeterminismus war, woran sich Einstein hauptsächlich störte, stammt von ihm doch der berühmte Satz: „Gott würfelt nicht."

Nach der Auffassung von Vertretern der subjektivistischen Schule bedeutet Wahrscheinlichkeit immer und ausnahmslos so viel wie subjektive Wahrscheinlichkeit oder Glaubensgrad. Dies führte dazu, dass ein Anhänger dieser Richtung die Zustandsfunktion als 'Meinungswelle' deutete, so dass dadurch in den Objektbereich der Mechanik auch das Bewusstsein des Physikers mit seinem unvollständigen Wissen eingeschlossen wäre. Eugen Wigner deutet den Wahrscheinlichkeitsaspekt der QM folgendermaßen:

„In fact, the wave function is only a suitable language for describing the body of knowledge – gained by observations – which is relevant for predicting the future behaviour of the system. For this reason, the interactions which may create one or another sensation in us are also called observations, or measurements. One realizes that *all* the information which the laws of physics provide consists of probability connections between subsequent impressions that a system

makes on one if one interacts with it repeatedly, i.e., if one makes repeated measurements on it" (Wigner, 1967, 174).[17]

Leibniz hat den Satz vom zureichenden Grund als einen Hauptsatz aller Erkenntnis und Wissenschaft aufgestellt. Dieser Satz, der von vielen bedeutenden Philosophen vertreten wurde und wird, lautet in der Formulierung von Wolff: Nihil est sine ratione cur potius sit, quam non sit. (Nichts ist ohne Grund, warum es sei.) Innerhalb dieser Denktradition ist eine indeterministische Welt unmöglich – Wahrscheinlichkeiten können keine realen Strukturen bezeichnen.

Die kritischen Fragen sind also: Sind Ereignisse möglich bzw. denkbar, die nicht durch ihre Ursachen vollständig festgelegt sind? Kann man es nicht als ein Ziel der Wissenschaft ansehen, Ereignisse vollständig zu erklären?

---

[17] „Tatsächlich ist die Wellenfunktion nur eine passende Sprache für den Wissensumfang – erlangt durch Beobachtungen –, der relevant ist, um das zukünftige Verhalten des Systems vorherzusagen. Aus diesem Grund werden auch die Wechselwirkungen, die die eine oder andere Empfindung in uns hervorrufen, Beobachtungen oder Messungen genannt. Man sieht ein, dass *alle* Informationen, die die Gesetze der Physik liefern, aus Wahrscheinlichkeitsverbindungen zwischen aufeinanderfolgenden Eindrücken bestehen, die ein System in einem hervorruft, wenn man wiederholte Messungen an ihm durchführt."

3.5 Vollständigkeit und Bellsche Ungleichung

Der Begriff der Vollständigkeit der QM beruht auf der Idee, dass nichts in der Wirklichkeit existiert, das nicht im quantenmechanischen Formalismus enthalten ist (Selleri, 1984). Die gesamte Information über ein Objekt soll in der Wellenfunktion enthalten sein. Die Idee der Vollständigkeit führte de Broglie dazu, in einem Gedankenexperiment ein Paradox bezüglich der Lokalisierung eines Teilchens zu formulieren: Gegeben sei eine Schachtel B mit vollständig reflektierenden Wänden, die durch einen Schieber in zwei Teile B_1 und B_2 geteilt werden kann. Die Schachtel B enthalte anfänglich ein Elektron, dessen Wellenfunktion Ψ im Gesamtvolumen V von B gegeben ist. Nun werde die Schachtel in die zwei Teile B_1 und B_2 geteilt und schließlich nach Paris und nach Tokio gebracht. Diese neue Situation wird in der QM durch zwei Wellenfunktionen beschrieben, wobei ψ_1 im Volumen V_1 von B_1 und ψ_2 im Volumen V_2 von B_2 definiert ist. Nimmt man nun an, dass die Wellenfunktionen den tatsächlichen raumzeitlichen Zustand des Elektrons vollständig beschreiben, so ist mit der QM nur die Aussage verträglich, dass das Teilchen in B_1 und B_2 ist. Diese Situation ändert sich durch eine Beobachtung. Öffnet man die Schachtel in Paris, so findet man, dass das Elektron entweder in B_1 ist oder nicht. In jedem Fall kann man nun mit Sicherheit das Ergebnis einer zukünftigen Beobachtung vorhersagen, die an der Schachtel B_2 in Tokio vorgenommen wird. Falls das Elektron in Paris gefunden wurde, wird es sich sicherlich nicht in Tokio befinden und umgekehrt. Wurde die Beobachtung zur Zeit t_0 in Paris ausgeführt und das Elektron gefunden, so folgt daraus, dass nun eine verschwindende Wellenfunktion ψ_2 für Tokio vorliegt. Eine Beobachtung des Elektrons in Paris veränderte also die Wellenfunktion in Tokio und reduzierte sie gegebenenfalls auf null.

Nimmt man den Standpunkt ein, dass die QM eine vollständige Theorie sei und die Wellenfunktion die Eigenschaften eines Objektes in Raum und Zeit beschreibe, dann kommt man zu dem paradoxen Resultat, dass vor der Beobachtung des Elektrons ein Teil des Objektes in Paris, ein anderer Teil in Tokio war und dass eine Beobachtung des Elektrons in Paris den Teil in Tokio zerstörte und in Paris erscheinen ließ. Dieser paradoxen Situation entgeht man, wenn man physikalische Theorien nur als Instrumente zur Vorhersage von Beobachtungen betrachtet, ohne sie in irgendeiner Weise realistisch zu deuten. Will man der paradoxen Situation entgehen und trotzdem die QM realistisch interpretieren, so ist es naheliegend anzunehmen, dass das Elektron schon vor der Beobachtung in Paris war, dass aber die QM unvollständig sei und dass deshalb die Wellenfunktionen nur unsere Kenntnis der Elektronenverteilung vor der Beobachtung ausdrücken. Um die QM zu vervollständigen, müsse man einen neuen Parameter λ einführen, der die Lokalisierung des Elektrons in B_1 oder B_2 beschreibt.

1935 veröffentlichten Einstein, Podolski und Rosen (EPR) eine Arbeit, mit der sie zeigen wollten, dass die QM unvollständig sei; d.h. dass es physikalische Realitäten gebe, die nicht von der QM behandelt würden. Für die Vollständigkeit einer Theorie gaben sie folgende notwendige Bedingung an: „*jedes Element der physikalischen Realität muß seine Entsprechung in der physikalischen Theorie haben*" (Einstein, Podolski, Rosen, 1986, 81). Als hinreichendes Kriterium für Realität formulierten sie: „*Wenn wir, ohne auf irgendeine Weise ein System zu stören, den Wert einer physikalischen Größe mit Sicherheit (d.h. mit der Wahrscheinlichkeit gleich eins) vorhersagen können, dann gibt es ein Element der physikalischen Realität, das dieser physikalischen Größe entspricht.*"

Das sogenannte EPR-Paradox behandelt zwei Systeme S_1 und S_2 (z.B. zwei Protonen), die für kurze Zeit miteinander wechselwirken und sich danach voneinander wegbewegen. Das zusammengesetzte System wird durch das Produkt der Einzelzustände beschrieben, und die Schrödinger-Gleichung erlaubt es, wenn die Anfangszustände bekannt sind, die

Entwicklung des kombinierten Systems zu berechnen. Man kann nicht den Zustand eines Teilsystems S_1 oder S_2 nach der Wechselwirkung voraussagen, aber auch wenn sich die Teilsysteme beliebig weit voneinander entfernen, bleibt sowohl die Differenz ihrer Positionen $x_1 - x_2$ als auch die Summe ihrer Impulse $p_1 + p_2$ konstant. Will man etwas über den Zustand eines Teilsystems erfahren, so muss man eine Messung durchführen. Misst man an S_1 den Ort x_1, dann kann man, da die Differenz der beiden Ortspositionen bekannt ist, den Ort x_2 mit Sicherheit voraussagen, ohne dabei S_2 zu stören (nach der Meinung der drei Autoren, denn die beiden Teilsysteme können nach beliebig langer Zeit beliebig weit voneinander entfernt sein). Nach dem Realitätskriterium muss also der Ort x eine Realität besitzen. Würde man jedoch an S_1 statt einer Ortsmessung eine Impulsmessung mit dem Ergebnis p_1 durchführen, so könnte man, da die Summe der beiden Impulse bekannt ist, den Impuls p_2 mit Sicherheit voraussagen, ohne dabei (nach der Meinung der drei Autoren) S_2 zu stören. Nach dem Realitätskriterium muss also der Impuls p Realität besitzen. Da es im Belieben des Experimentators steht, den Ort oder den Impuls von S_1 zu messen und durch die Messung an S_1 das System S_2 nicht beeinflusst werden könne, muss nach dem Realitätskriterium S_2 gleichzeitig sowohl einen realen Ort als auch einen realen Impuls haben. Aber bekanntlich gibt es in der QM keine Zustandsfunktion, aus der gleichzeitig Ort und Impuls, hier des Systems S_2, berechnet werden kann. Also – so lautet der Schluss von Einstein, Podolsky und Rosen – ist die QM eine unvollständige Theorie.

In seiner Kritik verwies Bohr darauf, dass dieser Unvollständigkeitsbeweis auf einer Annahme beruht, die nicht erfüllt sei. Es wird im EPR-Argument angenommen, dass die Ausführung einer Messung am System S_1 den Zustand des von S_1 unter Umständen sehr weit entfernten Systems S_2 nicht beeinflusse. Nach Bohr besitzen jedoch Quantenobjekte (bzw. Quantenphänomene) einen Ganzheitszug in dem Sinne, dass die gesamte Versuchsanordnung das Objekt definiere. Man könne deshalb zwar nicht von einer mechanischen Störung des Systems S_2 durch eine Messung an S_1 sprechen, aber da es sich bei einer Ortsmessung und einer Impulsmessung um verschiedene Experimentalanordnungen handelt, handele es sich auch jeweils um Objekte mit anderen Eigenschaften, so dass die beiden Systeme gemäß der QM jeweils in dem einen Fall nur einen Ort und im anderen Fall nur einen Impuls besitzen.

Die Annahme, dass Versuchsanordnungen die Eigenschaften eines weit entfernten Objektes – aufgrund spukhafter Fernwirkungen, wie Einstein es ausdrückte – definieren, ist jedoch so ungewöhnlich, dass viele Physiker mit der Bohrschen Antwort unzufrieden blieben. Und 1948 schrieb Albert Einstein an Max Born:

„die Physiker, welche die Beschreibungsweise der Quanten-Mechanik für prinzipiell definitiv halten ... werden die Forderung ... von der unabhängigen Existenz des in verschiedenen Raum-Teilen vorhandenen Physikalisch-Realen fallen lassen ... so finde ich doch nirgends eine Tatsache, die es mir als wahrscheinlich erscheinen läßt, daß man die Forderung ... aufzugeben habe. Deshalb bin ich geneigt zu glauben, daß ... die Beschreibung der Quanten-Mechanik als eine unvollständige und indirekte Beschreibung der Realität anzusehen sei, die später wieder durch eine vollständige und direkte ersetzt werden wird" (Einstein, H. und M. Born, 1969, 176).

Einstein nahm an, dass die Wellenfunktion nicht einen Zustand beschreibe, der einem einzelnen System zukomme, sondern sich auf viele Systeme, auf eine System-Gesamtheit im Sinne der klassischen Mechanik beziehe. Aus einer ähnlichen Motivation heraus versuchten immer wieder Physiker, die QM mit zusätzlichen und bislang unbekannten Variablen derartig zu erweitern, dass

1. für jedes Quantensystem S und jede zu S gehörende dynamische Variable A zu jeder Zeit innerhalb der Lebenszeit von S einen bestimmten realen Wert besitzt und dass

2. eine Messung einer dynamischen Variable A von S einen vor der Messung schon existierenden Wert enthüllt.

Realismusvorstellungen, die diese beiden Bedingungen erfüllen, sollen als klassischer Realismus bezeichnet werden. Die Werte der QM sollten sich nach der Meinung dieser Physiker aus der Mittelung über die Verteilung der verborgenen Parameter ergeben.

Die Arbeiten von Gleason (1957) und Kochen und Specker (1967) zeigen jedoch, dass mit dem Formalismus der QM nur kontextabhängige verborgene Variablen vereinbar sind, so dass das Resultat der Messung einer Observable davon abhängt, was für weitere Observablen mit ihr gemessen werden. Wenn Objekte vor der Messung tatsächlich bestimmte Werte haben sollten, dann enthüllen Messungen diese Werte in der Regel nicht. Die gemessenen Werte werden von der Versuchsanordnung mindestens mitbestimmt. Der klassische Realismus ist also mit dem Formalismus der QM nicht zu vereinbaren. Nach den Arbeiten von Gleason, Kochen und Specker hat entweder ein Objekt keinen bestimmten Wert, sondern mehrere (wenn überhaupt), oder ein Objekt hat einen bestimmten Wert, den man aber in der Messung wegen eines Störeinflusses des Gerätes meistens nicht erhält.[18] Nach den Vorstellungen mancher Kopenhagener Interpreten wird jedoch ein Teilchen durch eine Messung nicht bloß gestört, sondern durch die Messung erschaffen. So schreibt Pascual Jordan: „Observations not only disturb what has to be measured, they produce it" (Mermin, 1985, 38).[19]

Für viele Antirealisten gelten heute als die überzeugendsten Argumente gegen den Realismus die vor allem in den 70er und 80er Jahren durchgeführten Experimente zur Bellschen Ungleichung. Wenn Einstein in dem oben angeführten Zitat noch erklären konnte, „so finde ich doch nirgends eine Tatsache", die Forderung der unabhängigen Existenz des physikalisch Realen aufzugeben, so verkündet Mermin: „A fact is found" (Mermin, 1985, 40).[20]

Bell (1964) scheint es anhand der nach ihm benannten Ungleichung gelungen zu sein zu zeigen, dass unbekannte deterministische (in einer Verallgemeinerung auch stochastische) Parameter, die nicht vom Messgerät beeinflusst werden, nichtlokal wären, das heißt, dass sie sich mit unendlich großer Geschwindigkeit ausbreiten würden, was von den

---

[18] Über die Unvereinbarkeit des klassischen Realismus mit der QM vgl. M. Gardner, 1972, und R. Healey, 1979.

[19] „Beobachtungen stören nicht nur, was gemessen werden soll, sie produzieren es."

[20] „Eine Tatsache ist gefunden."

meisten Physikern wegen der Relativitätstheorie als verboten betrachtet wird. Die besondere Bedeutung dieser Ungleichung liegt aber darin, dass sie unabhängig von der Diskussion um verborgene Parameter auf die EPR-Situation anwendbar ist und dadurch ein starkes Argument gegen den Realismus sein soll (Bell, 1981). Stapp (1979) konnte das Argument derart verallgemeinern, dass es sich nur auf die sichtbaren Ergebnisse von zwei Experimentalanordnungen bezieht.

Der Bellsche Beweis soll nun kurz skizziert werden in seiner von Bernard d`Espagnat (1980) vereinfachten Form. Die Darstellung wird dabei so allgemein formuliert, dass das Argument gegen den Realismus ohne Bezug auf die QM und ihrem Wahrheitswert vorgetragen wird und dass der Realismus „eine empirisch überprüfbare physikalische Aussage" (Stegmüller, 1984, 26) zu werden scheint. Man betrachtet die Bohmsche Variante des EPR-Paradoxons.

Zu Beginn des Experimentes fügt man jeweils z.B. zwei Protonen durch eine kurzzeitige Wechselwirkung zu Paaren zusammen und sorgt dafür, dass jedes Paar mit genau dem gleichen Verfahren erzeugt wird. Haben sich die Protonen anschließend genügend weit voneinander entfernt, so werden an ihnen Messungen einer beliebigen Komponente ihres Spins durchgeführt. Eine Eigenart des Spins ist es, dass jede Spinkomponente, gleichgültig welche Achse man für die Projektion wählt, nur einen von zwei Werten haben kann, die mit „plus" und „minus" bezeichnet werden sollen. Misst man bei vielen Protonenpaaren jeweils bei beiden Protonen die gleiche Spinkomponente, so findet man eine streng negative Korrelation, wenn die Protonenpaare zu Anfang auf eine Weise hergestellt wurden, dass sie in einem ganz bestimmten Zustand, dem Singulett-Zustand, sind. Dann findet man immer für ein Proton den Wert „plus" und für das andere den Wert „minus". Man kann jedoch nicht voraussagen, welches Teilchen die positive Komponente haben wird. Der Spin-Vektor ist durch seine Komponenten längs dreier Raumachsen definiert, und der klassische Realist nimmt an, dass alle drei Vektorkomponenten zu jeder Zeit eindeutige Werte haben. Der Wert einer Komponente kann unbekannt, aber nicht unbestimmt sein, und durch die Messung wird der Wert lediglich erkannt. Eine weitere Eigenart des Spins ist es, dass man niemals gleichzeitig alle drei Spinkomponenten messen kann, sondern immer nur eine. Die drei Spinkomponenten sollen als A, B und C bezeichnet werden. Führt eine Messung der Komponente A zu einem positiven Wert, so wird im Folgenden das Ergebnis +A geschrieben, führt die Messung zu einem negativen Wert, so wird das Ergebnis –A geschrieben. Für die anderen Komponenten gilt das Analoge. Der Einfachheit halber soll zunächst angenommen werden, man könne gleichzeitig zwei Spinkomponenten messen. Diese Annahme widerspricht zwar den Tatsachen, erleichtert aber die anschauliche Darstellung des Beweises der Bellschen Ungleichung.

Angenommen ein Messgerät registriere für ein Proton die Spinkomponenten +A und –B. Die dritte Komponente C kann nur den Wert „plus" oder „minus" haben. Das bedeutet, die vollständige Formulierung der Spinkomponenten des Protons nach klassisch-realistischer Sicht lautet entweder +A –B +C oder +A –B –C. Findet man viele Protonenpaare mit den Spinkomponenten +A –B, so kann man für ihre Gesamtzahl die Gleichung

$$N(+A\ -B) = N(+A\ -B\ +C) + N(+A\ -B\ -C) \tag{3.1}$$

schreiben. Das Symbol N(+A –B) bezeichnet die Zahl der Protonen mit den Spinkomponenten +A –B. Ein Proton, bei dem man die Spinkomponenten +A –C gefunden hat, muss ein Element der Menge +A +B –C oder der Menge +A –B –C sein, da die dritte Komponente nur den Wert „plus" oder „minus" haben kann, und es muss gelten:

$$N(+A\ -C) = N(+A\ +B\ -C) + N(+A\ -B\ -C). \tag{3.2}$$

Die Zahl der Protonen N(+A –C) ist immer dann größer als N(+A +B –C), wenn für die Komponente längs der Achse B Protonen mit den Werten +B und –B gemessen wurden, wenn also N(+A –B –C) nicht null ist. Es gilt also:

$$N(+A\ -C) \geq N(+A\ +B\ -C) \tag{3.3}$$

$$N(+A\ -C) \geq N(+A\ -B\ -C). \tag{3.4}$$

Nach ähnlichen Überlegungen gilt auch:

$$N(-B\ +C) = N(+A\ -B\ +C) + N(-A\ -B\ +C) \tag{3.5}$$

$$N(-B +C) \geq N(+A -B +C). \tag{3.6}$$

Aus 3.4 und 3.6 folgt:

$$N(+A -C) + N(-B +C) \geq N(+A -B -C) + N(+A -B +C) \tag{3.7}$$

Aus 3.1 und 3.7 folgt:

$$N(+A -C) + N(-B +C) \geq N(+A -B) \tag{3.8}$$

$$N(+A -B) \leq N(+A -C) + N(-B +C). \tag{3.9}$$

Um Ungleichung 3.9 experimentell zu prüfen, nutzt man die negative Korrelation aus, die zwischen Protonen im Singulett-Zustand besteht, denn man kann ja nicht gleichzeitig zwei Spinkomponenten messen. Hat man z.B. bei dem einen Proton des Paares +A gemessen, bei dem anderen Proton +B, so müssen die Protonen nach klassisch-realistischer Vorstellung durch +A −B und −A +B gekennzeichnet sein. Aus statistischen Argumenten folgt, dass die Anzahl n(+A +B) von Protonenpaaren, in denen ein Partner die Komponente +A und der andere die Komponente +B hat, proportional zu N(+A −B) sein muss, also zur Anzahl der Protonen mit den Spinkomponenten +A und −B. Entsprechend muss n(+A +C) zu N(+A −C) und n(+B +C) zu N(−B +C) proportional sein. Der Proportionalitätsfaktor ist in allen drei Fällen der gleiche. Mit diesen Proportionalitäten folgt aus 3.9 die Bellsche Ungleichung:

$$n(+A +B) \leq n(+A +C) + n(+B +C). \tag{3.10}$$

Der Beweis dieser Ungleichung basiert hauptsächlich auf den folgenden zwei Voraussetzungen:

Realismus: Physikalische Objekte existieren unabhängig von ihrer Beobachtung.

Lokalität: Physikalische Effekte breiten sich nicht mit Überlichtgeschwindigkeit aus.

Mit der zweiten Annahme soll ausgeschlossen werden, dass die Werte der Spinkomponenten des einen Protons durch eine noch unbekannte Wechselwirkung von der Messung an einem anderen Proton abhängen.

Denn ansonsten könnte es sein, dass die festgestellte negative Korrelation zwischen den gleichen Spinkomponenten nur dann existiert, wenn die beiden Protonen tatsächlich in den gleichen Komponenten gemessen werden, wohingegen die negative Korrelation der Werte der gleichen Komponenten nicht existiert, wenn an beiden Protonen verschiedene Komponenten gemessen werden. Eine Beeinflussung der Spinkomponenten eines Protons durch eine Messung eines anderen Protons mit maximal Lichtgeschwindigkeit kann bei diesen Experimenten ausgeschlossen werden, indem man die Ereignisse der Messungen der beiden Protonen raumartig auseinanderlegt.

Während der Herleitung der Bellschen Ungleichung wurde beim Übergang von Protonen zu Protonenpaaren, also von 3.9 nach 3.10, auf statistische Überlegungen zurückgegriffen. Bei Gültigkeit der zwei genannten Voraussetzungen wäre die Ungleichung dann verletzt, wenn die statistische Schwankung sehr groß wäre. Diese Möglichkeit wird aber umso unwahrscheinlicher, je mehr Protonen man untersucht.

Theorien, die die zwei oben angegebenen Voraussetzungen der Bellschen Ungleichung erfüllen, werden als lokale realistische (oder objektive) Theorien bezeichnet. Aus der QM lassen sich ebenfalls Vorhersagen über die Häufigkeiten von Messergebnissen an Protonenspins herleiten, wobei die QM vorhersagt, dass man die drei Achsen A, B und C so wählen kann, dass die Bellsche Ungleichung verletzt wird. Die QM und die lokalen realistischen Theorien machen somit unterschiedliche Vorhersagen, so dass man experimentell zwischen ihnen entscheiden kann.

Seit 1969 wurden mehrere Experimente zur Bellschen Ungleichung durchgeführt (z.B. Clauser, Horne, Shimony, Holt, 1969; Clauser, Horne, 1974; Clauser, Horne, Shimony, 1978; Aspect, Grangier, Roger, 1982; Aspect, Dalibard, Roger, 1982). Die meisten Experimente wurden mit Photonenpaaren durchgeführt, was jedoch an der Herleitung der Bellschen Ungleichung nichts ändert. Bei der Durchführung der Experimente treten einige technische Schwierigkeiten auf: Die Instrumente sprechen auf Protonen bzw. Photonen nicht immer an, so dass man die Anzahl der Teilchen nicht direkt ermitteln kann, sondern die gemessenen Werte mit dem Wirkungsgrad der Detektoren verrechnen muss. Bei der Messung sind besonders zwei Instrumente von Bedeutung. Der Polarisationsfilter lässt nur Photonen mit bestimmter Polarisation durch bzw. er lenkt jedes Proton so ab, dass es einen von zwei Detektoren erreicht, und der Detektor zählt die Objekte. Weder der Filter noch der Detektor arbeiten perfekt.

Die überzeugendsten Experimente, welche alle die Bellsche Ungleichung verletzen, wurden von Alain Aspect und seinen Mitarbeitern durchgeführt. In einem Experiment mit Photonen wurden die zu messenden Achsen durch zwei Zufallsschalter, die 12 m auseinanderlagen, so kurzfristig vor dem Durchgang der beiden Photonen durch die Polarisatoren festgelegt, dass eine Informationsübertragung über die zu messende Achse des einen Photons zum anderen Photon mit maximal Lichtgeschwindigkeit nicht mehr möglich war (Aspect, Dalibard, Roger, 1982). Ferner wurden die Experimente bei verschiedenen Entfernungen der Messapparaturen voneinander durchgeführt, und die Ergebnisse zeigten keinerlei Abhängigkeit von der Distanz.

D`Espagnat (1980) berichtet über sieben Experimente, die von 1972 bis 1976 durchgeführt wurden. Fünf Experimente verletzen die Ungleichung und bestätigen die QM, und zwei Experimente stehen in Übereinstimmung mit der Ungleichung. Die beiden Experimente, die die Ungleichung bestätigen, sind 1973 und 1974 durchgeführt wurden. Nach diesen beiden Experimenten wurden experimentelle Verbesserungen durchgeführt, so dass die darauffolgenden Experimente, die alle die Ungleichung verletzen, glaubwürdiger sind. Die fünf Experimente, die gegen die Ungleichung sprechen, beruhen außerdem auf weitaus mehr Messdaten. Die technisch besten Experimente von Aspect lieferten in Übereinstimmung mit der QM die stärksten Abweichungen von der Bellschen Ungleichung, so dass heute die meisten Physiker die Ungleichung als verletzt betrachten.

Dies scheint zu bedeuten, dass mindestens eine der beiden genannten Voraussetzungen des Bellschen Beweises falsch ist und dass somit lokale realistische Theorien falsch sind. Man scheint nur die Wahl zu haben, entweder die Realismus- oder die Lokalitätsforderung aufzugeben. Intuitiv wird man wohl eher dazu neigen, die Lokalität aufzugeben. Die Gegner des Realismus besitzen dagegen jedoch ein schwerwiegendes theoretisches Argument. Sind Theorien realistisch deutbar, so scheint die Relativitätstheorie zu besagen, dass es keine Signalübertragungen mit Überlichtgeschwindigkeit gibt. Da also die Aufgabe der Lokalität und die Beibehaltung des Realismus zu einem innerwissenschaftlichen Widerspruch führe, müsse der Realismus aufgegeben werden.

Die Bellsche Ungleichung wird meist als ein Argument gegen den ontologischen Realismus benutzt, Bas van Fraassen benutzt sie jedoch als ein Argument gegen den wissenschaftlichen erkenntnistheoretischen Realismus (1982). Van Fraassen charakterisiert den erkenntnistheoretischen Realismus in der Auseinandersetzung mit der Frage, wie vernünftige Erwartungen über das Eintreten zukünftiger Ereignisse möglich seien. Der Realist ist danach durch die Antwort gekennzeichnet, dass vernünftige Erwartungen über das Eintreten zukünftiger Ereignisse nur möglich seien, wenn man in irgendeiner Weise ein Verständnis der kausalen Mechanismen gewinnen könne, die dieses Ereignis hervorbrächten. Das bedeute, dass korrelierte Ereignisse durch eine gemeinsame Ursache („common cause") erklärt werden müssten. Dieser Argumentation liegt die Intuition zugrunde, dass es in der Vergangenheit ein Ereignis C geben muss, durch das die Korrelation erklärt werden kann, wenn die Koinzidenz $A \wedge B$ zweier Ereignisse häufiger ist als es deren unabhängigem Auftreten entspricht und wenn die Ereignisse raumartig getrennt sind. Da im EPR-Argument die Resultate der Spinmessungen an den beiden Protonen oder Photonen korreliert sind, jedoch ein Ereignis C (unbekannter Parameter) unmöglich sei, könne die Suche nach gemeinsamen Ursachen kein notwendiger Bestandteil der wissenschaftlichen Tätigkeit sein. Der erkenntnistheoretische Realismus ist deshalb für van Fraassen kein notwendiger Bestandteil der Wissenschaft.

Neben der EPR-Korrelation gibt es in der QM noch eine andere Korrelation, für die keine Ursache angegeben wird. Die QM besitzt einen Typ von Naturgesetz, der bislang völlig unbekannt war und den man als Strukturgesetz bezeichnen kann (Stegmüller, 1979, 590). Das wichtigste Gesetz dieser Art ist das Pauli-Prinzip. Der dynamische Zustand jedes Elektrons ist durch vier Quantenzahlen bestimmt: die durchschnittliche Entfernung vom Kern (n), den Bahndrehimpuls (l), die Raumquantisierung des Bahndrehimpulses relativ zum äußeren Feld (m) und die Quantisierung des Spins (s). Das Pauli-Prinzip besagt, dass keine zwei Elektronen in einem Atom in allen vier Quantenzahlen übereinstimmen können. In seiner allgemeinen Formulierung besagt es, dass die Gesamtwellenfunktion von mehreren Fermionen total antisymmetrisch ist. Dies bedeutet, dass Fermionen sich auch ohne Wechselwirkung nicht mehr unabhängig voneinander bewegen. Betrachtet man das Beispiel zweier Neutronen mit gleichgerichtetem Spin, so folgt aus ihrer antisymmetrischen Wellenfunktion, dass sie niemals zusammenkommen und niemals die gleichen Geschwindigkeiten haben können. „Anthropomorph gesprochen scheinen sich die Teilchen entschieden zu meiden, aber auf eine ganz seltsame Weise, die von ihrer Relativgeschwindigkeit abhängt" (Kanitscheider, 1979, 229). Je größer ihre Geschwindigkeitsdifferenz ist, umso kleiner ist der Bereich, in dem sie sich meiden, und bei einer festen Geschwindigkeitsdifferenz verschwindet die Aufenthaltswahrscheinlichkeit eines Objektes nicht nur am Ort des anderen, sondern auch bei allen Abständen voneinander, die das Vielfache einer bestimmten Größe sind, während dazwischen die Wahrscheinlichkeitsdichte Maxima besitzt. Die QM nimmt keine zwischen den Fermionen wirkende Kraft an. Fordert man vom Realismus, Korrelationen durch gemeinsame Ursachen zu erklären, so stellt sich also auch durch das Pauli-Prinzip ein Problem.

4. Diskussion antirealistischer Thesen

In diesem Kapitel sollen Einwände gegen einige der im 3. Kapitel genannten antirealistischen Standpunkte vorgebracht und diese gegebenenfalls selbst wieder kritisch untersucht werden.

4.1 Kopenhagener Interpretation (Bohr, Heisenberg)

Die unter Physikern vermutlich am verbreitetste Deutung der QM ist die Kopenhagener Interpretation, benannt nach Bohrs Institut in Kopenhagen. Bei genauerem Hinsehen handelt es sich hierbei jedoch gar nicht um eine einheitliche Deutung. Schon die beiden Hauptinterpreten, Bohr und Heisenberg, haben voneinander teilweise abweichende Auffassungen. Obwohl die Standpunkte dieser beiden bereits beschrieben wurden (Bohr s. S. 29f, Heisenberg s. S. 50f), soll diese Interpretation hier noch einmal dargelegt werden:

Die klassische Ontologie, der zufolge physikalische Systeme in all ihren Eigenschaften unabhängig vom Beobachtungssystem existieren, wird aufgegeben. Es gibt eine unteilbare Verknüpfung von Quantensystem und Messgerät, welche nur zusammen als sogenanntes Quantenphänomen auftreten. Und weil es für die tatsächlichen Abläufe nicht die passende Sprache gibt, müssen alle Experimente und ihre Ergebnisse in der ungenauen Sprache der klassischen Physik beschrieben werden. Wegen der unaufhebbaren Verknüpfung von Quantensystem und Messgerät und wegen der nicht völligen Adäquatheit der klassischen Begriffe sind der gleichzeitigen Anwendbarkeit von bestimmten klassischen Begriffen Grenzen gesetzt. Welche klassischen Begriffe in einer gegebenen Situation benutzt werden können, hängt von der jeweiligen Experimentalanordnung ab. In einigen Experimentalanordnungen kann man zum Beispiel den Ortsbegriff benutzen, dann macht der Impulsbegriff keinen Sinn, in anderen Experimentalanordnungen ist es umgekehrt. Die Heisenbergschen Unschärferelationen sind der Ausdruck dessen, dass diese Begriffe nur ungenau auf die Natur passen. (Man denke nur an den klassischen Impulsbegriff, der eine kontinuierliche Teilchenbahn voraussetzt, da er die Ableitung nach der Zeit, dx/dt, enthält.) Die verschiedenen Beschreibungen eines Systems in mehreren Situationen, welche zu Widersprüchen führen würden, wollte man sie in einem einzigen Bild zusammenfassen, bezeichnete Bohr als komplementär. Derartig komplementär seien z.B. der Teilchen- und der Wellenbegriff, die nur in bestimmten und sich gegenseitig ausschließenden Experimentalanordnungen benutzt werden könnten. Die raumzeitliche Beschreibung und die Forderung der Kausalität waren für Bohr ebenfalls komplementär.

Ein Experiment besteht aus drei Abschnitten: Zunächst wird das Untersuchungsobjekt präpariert und die Wahrscheinlichkeitsfunktion Ψ dafür bestimmt. Dann berechnet man Ψ im Lauf der Zeit, und diese Funktion gibt die Wahrscheinlichkeiten dafür an, was man schließlich in einer folgenden Messung erhalten wird. Die Registrierung eines Objektes (die Reduktion des Wellenpaketes) beruht auf irreversiblen Prozessen im Registriergerät, die prinzipiell nicht näher bestimmt werden können. Der quantenmechanische Formalismus, vor allem die Wahrscheinlichkeitsfunktion, ist (zumindest für Bohr) nur ein symbolisches Schema, das Wahrscheinlichkeitsvoraussagen über indeterministische Messergebnisse macht; er sagt nichts über die Natur aus. Was zwischen zwei Beobachtungen realistisch geschieht, kann nicht angegeben werden – trotzdem wird angenommen, dass es sich um Zufallsprozesse handele und dass die quantenmechanische Beschreibung vollständig sei. Heisenberg ging in seiner Deutung in einem wichtigen Punkt über Bohr hinaus, er deutete nämlich die Wahrscheinlichkeitsfunktion ontologisch als eine aristotelische Potentialität, die aber nicht in raumzeitlichen Begriffen beschrieben werden könne, und deshalb könne man nicht angeben, was zwischen zwei Beobachtungen passiert; und während einer Messung würde diese Potentialität als ein bestimmter Messwert in die Aktualität übergehen.[21] Für alle Kopenhagener Interpreten gilt wieder, dass der Formalismus nicht nur für Mikroobjekte, sondern auch für Makroobjekte zuständig sei. Wegen der Forderung der klassischen Beschreibbarkeit muss aber in einem Experiment eine Einteilung der Welt einerseits in einen zu untersuchenden quantenmechanischen Gegenstand und andererseits der restlichen Welt mit den klassisch zu beschreibenden Messgeräten vorgenommen werden. Die Lage dieses Schnittes zwischen dem Quantensystem, welches ein Mikro- oder ein Makroobjekt sein kann, und der restlichen Welt ist willkürlich bzw. hängt von der experimentellen Fragestellung ab.

Angesichts unserer Probleme, die QM zu verstehen, ist diese Kopenhagener Deutung teilweise durchaus überzeugend – zumindest solange es keine neuen Begriffe gibt, mit denen man die Vorgänge zwischen den Beobachtungen beschreiben kann. Trotzdem müssen ein paar kritische Anmerkungen zu dieser Deutung gemacht werden:

a) In den Kopenhagener Interpretationen wird die „»objektiv-reale Wirklichkeit« auf den Bereich des vom Menschen anschaulich in Raum

---

[21] Im Sinne unserer Realismusdefinition hätte man Heisenbergs Standpunkt statt im 4. Kapitel über Antirealismus auch im 5. Kapitel über Realismus behandeln können. Da aber Heisenberg seine Deutung zusammen mit Bohrs Ansichten als „Kopenhagener Interpretation" bezeichnete, ist eine Abhandlung seiner Deutung an dieser Stelle gerechtfertigt. Auf Heisenbergs realistischen Ansichten (im Sinne unserer Realismusdefinition) wird im 6. Kapitel noch einmal eingegangen.

und Zeit Beschreibbaren beschränkt" (Heisenberg, 1986, 154). Einer der zentralen Punkte der Deutungen von Bohr und Heisenberg ist deshalb die Forderung der Beschreibung des Versuchsaufbaus und der Versuchsergebnisse in der Sprache der klassischen Physik. Als Begründung wird angeführt, dass mit dem Wort Experiment nur ein Verfahren gemeint sein kann, bei dem wir anderen mitteilen können, was wir getan haben. Diese Begründung ist schon etwas seltsam, da Bohr und Heisenberg selbst nicht-klassische Begriffe verwenden und den Lesern unterstellen, trotzdem zu verstehen, was gemeint sei. Begriffe wie „aristotelische Potentialitäten" und „Aktualisierung" sind nicht-klassisch und trotzdem von jemandem verstehbar, der sich in der aristotelischen Philosophie auskennt. Bohr benutzt die in der klassischen Physik unbekannten Begriffe „Ganzheit" und „Komplementarität", und wenn man Bohr lange genug liest, versteht man auch, was er damit meint. Man muss sich also auch bei den Kopenhagener Interpreten an neue Begriffe gewöhnen, und es ist unklar, warum man nicht für die Versuchsbeschreibung und für reale Vorgänge außerhalb von Experimenten weitere neue Begriffe erlernen kann. (Seit der Ausarbeitung der Kopenhagener Deutung hat sich z.B. der Informationsbegriff entwickelt und der Vakuumbegriff verändert.) Als Heisenberg und Bohr sich 1922 in Göttingen erstmals trafen, sagte Bohr: „so kann man hoffen, daß sich im Laufe der Zeit neue Begriffe bilden, mit denen wir auch diese unanschaulichen Vorgänge im Atom irgendwie ergreifen können" (Heisenberg, 1985, 54). Warum Bohr diese Hoffnung später aufgegeben hat, ist unbekannt.

Die Bildung von neuen Begriffen und ihre Verstehbarkeit wird untersucht von der Psychologie, die zu diesen Themen mehrere Bemerkungen zu machen hat. Da ist zunächst das Nervensystem, das neben festgelegten auch plastische, veränderbare neuronale Strukturen enthält. Der Umfang einer phylogenetischen und ontogenetischen Festlegung von Hirnstrukturen ist noch nicht genügend erforscht, so dass man, wenn man das Denken als eine Fähigkeit des Gehirns betrachtet, noch nicht sagen kann, inwieweit wir auf angeborene Begriffe angewiesen sind. In der kognitiven Psychologie werden derzeit kaum solche unverzichtbaren Elemente des Denkens postuliert. „Verstehen" kann man als das Erleben von Bedeutung auffassen, und je nach psychologischer

Schule versteht man unter der Bedeutung eines Wortes etwas Anderes (Bedeutung als Bezeichnung, als Assoziation, als Vorstellung, als Begriff, als Bewertung, als Aktivierung und Kontrolle), wobei anzunehmen ist, dass keine dieser Konzeptionen allein eine erschöpfende Erfassung der Wortbedeutung liefert (Herkner, 1983; Paivio, Begg, 1981; Lindsay, Norman, 1981). Was die Satzbedeutung betrifft, so gibt es auch hier mehrere Theorien.

Allen psychologischen Ansätzen gemeinsam ist, dass der Mensch eine große Lernfähigkeit besitzt. Neue Begriffe können erlernt werden; sei es gemäß der behavioristischen Schule durch Konditionierung oder sei es gemäß der kognitiven Psychologie durch Umstrukturierung der Denkstrukturen. Es ist deshalb nicht einsehbar, weshalb wir auf die Begriffe der klassischen Physik unabdingbar angewiesen sein sollen. Eine derartige Beschränkung zu postulieren, ist beim heutigen Stand der Forschung voreilig.

Wie sehr der Mensch zu andersartigen Begriffssystemen in der Lage ist, macht man sich schnell bewusst, wenn man andere Kulturen, aber auch die Geschichte der Philosophie und die Physik vor Galilei und Newton betrachtet. Auch in der diachronen Wissenschaftstheorie hat man sich längst daran gewöhnt, dass wissenschaftliche Revolutionen Bedeutungsverschiebungen zur Folge haben.

Heisenberg versuchte später selbst, die Wirklichkeit mit neuen Begriffen zu beschreiben. 1976 schrieb er: „Es wäre also unsere Aufgabe, unsere Sprache und unser Denken, d.h. auch unsere naturwissenschaftliche Philosophie, dieser von den Experimenten geschaffenen neuen Lage anzupassen" (Heisenberg, 1976, 5). Da auf diesen Ansatz im 6. Kapitel genauer eingegangen wird, soll er hier nur kurz erwähnt werden. In Anlehnung an die Ideenlehre Platons werden dem Kosmos Symmetrieeigenschaften zugesprochen: Teilchen sind Darstellungen von Symmetriegruppen, die den symmetrischen Körpern der platonischen Lehre gleichen.

b) Die quantenmechanischen Prozesse sollen indeterministisch ablaufen, gehorchen aber den Gesetzen der Theorie. Aber wie kann der undeterminierte Zufall einem Gesetz folgen, z.B. der Schrödinger-

Gleichung gehorchen? Die Gesetzmäßigkeit des Wahrscheinlichkeitsprozesses scheint doch auf systematische Faktoren hinzuweisen.

c) Etwas voreilig ist wohl auch Bohrs Verzicht auf die detaillierte Verfolgung der Wechselwirkung von Objekt und Messgerät. Es ist nicht klar, warum die Plancksche Wirkungskonstante, die Bohr zur Begründung heranzieht, dieses unmöglich machen soll.

d) Der mehr oder weniger willkürliche Schnitt zwischen dem Quantensystem und dem Rest der Welt ist ebenfalls unbefriedigend. Es kann sich hierbei nicht allein um das Problem mangelnder Begriffe handeln, denn wir beobachten ja Makroobjekte (was vor der physikalischen Begriffsebene liegt). Die Kopenhagener Interpretation muss irgendwie annehmen, dass klassische Makroobjekte (z.B. als Messgeräte) tatsächlich existieren. Wieso kann man aber die Existenz raumzeitlicher Messgeräte annehmen, obwohl der Formalismus auch für Makroobjekte gültig sein soll und man sie also auch als raumzeitlich unbeschreibbare Objekte auffassen soll? Bezüglich der Existenz von klassischen bzw. raumzeitlichen Makrokörpern sind Bohr und Heisenberg sehr widersprüchlich (vgl. Kap. 3.2.6, S. 52).

e) Die QM wird bezüglich der physikalischen Realität als vollständig betrachtet, obwohl die Kopenhagener Interpreten gleichzeitig behaupten, nichts aussagen zu können darüber, was zwischen zwei Beobachtungen realistisch passiert. Sollte die QM tatsächlich nur über Beobachtungen sprechen, sollte man sich dann nicht über die Vollständigkeit vorsichtiger äußern und dieses für künftige neue Theorienkonstruktionen offenhalten?

f) Das Wellen- und das Teilchenbild sind für Bohr komplementäre Beschreibungen, die bei verschiedenen Experimentalanordnungen anwendbar seien. Hiergegen spricht, dass der Wellen- und der Teilchenaspekt in einer einzigen Versuchsanordnung auftauchen können: Hält man beim Doppelspaltversuch die Intensität der Lichtquelle so gering, dass die Photonen einzeln ausgestrahlt werden, so entstehen auf der fotographischen Platte nacheinander punktförmige Schwärzungen, was als Teilchenaspekt gedeutet wird. Viele aufeinanderfolgende Schwärzungen bewirken jedoch auf der fotographischen Platte ein Muster

stärkerer und schwächerer Intensitäten, die sogenannten Interferenzstreifen, was dem Wellenaspekt entspricht.

4.2 Orthodoxe Interpretation
(von Neumann, Wigner)

Nach der orthodoxen Deutung wird die Reduktion des Wellenpaketes durch das Bewusstsein des Beobachters bewirkt (s. S. 46f). Gegen diese Deutung kann man mehrere Einwände vorbringen:

a) Dass die Reduktion des Wellenpaketes durch das Bewusstsein des Beobachters erfolge, versuchte Everett mittels eines Gedankenexperimentes ad absurdum zu führen (Everett, 1973a, b). In diesem Gedankenexperiment wird die Existenz eines räumlich isolierten Labors L angenommen, in dem der Beobachter A eine Observable an einem System S misst. Nach ihrer Wechselwirkung und noch vor der Kenntnisnahme durch den Beobachter sind das Messgerät und das System S jeweils im Zustand eines Gemenges. Gemäß der orthodoxen Interpretation wird die Reduktion durch das Bewusstsein des Beobachters durchgeführt, und der Beobachter A notiert nach der Beobachtung den zur Zeit t_1 gefundenen Messwert in einem Notizbuch. Außerhalb des Labors L gibt es nun einen zweiten Beobachter B, der den Zustand ϕ von L einschließlich S, A, Apparat und Notizbuch schon zur Zeit $t_0 \leq t_1$ kennt. Da B wissen will, was im Notizbuch von A steht, berechnet er mit der Schrödinger-Gleichung den Zustand von ϕ zum Zeitpunkt t_2, der eine Woche nach t_1 liegt. $\phi(t_2)$ besitzt nun nichtverschwindende Wahrscheinlichkeitswerte für diverse Eintragungen in dem Notizbuch, um der Unbestimmtheit des Ausganges, die A durchgeführt hat, Rechnung zu tragen. Unmittelbar nach t_2 geht B in A`s Labor und sieht auf dessen Notizblock. Da B ein Anhänger der orthodoxen Interpretation ist, lässt er A wissen, dass ϕ und damit auch das Messresultat bis vor seiner Kenntnisnahme keine objektive Existenz gehabt hätten und dass erst sein Blick die Entscheidung getroffen habe. Erst als er das Labor betrat, hätten das Notizbuch und A eine objektive Existenz bekommen. Aber A weiß sich zu wehren. Denn wenn B`s Standpunkt zuträfe, so hätte er keinen Grund zur Überheblichkeit, auch die laufende Auseinandersetzung und damit auch B hätten möglicherweise keine objektive Existenz, sondern erst dann, wenn ein dritter Beobachter das Gesamtsystem, zu dem nun auch B gehört, beobachtet. Dieses Argument lässt sich iterieren, so dass jeder Beobachter selbst wieder in einem größeren quantenmechanischen System betrachtet werden kann, welches sich in einem Superpositionszustand befindet, ehe es von einem anderen Beobachter reduziert wird. Da es nach Everett kein objektives Kriterium gebe, diese Argumentationskette irgendwo abzubrechen, zeige dieses Argument die Unhaltbarkeit der orthodoxen Interpretation.

Die entscheidende Stelle in Everetts Kritik an der orthodoxen Deutung ist die Behauptung, es gäbe kein objektives Kriterium für den Abbruch der Beobachterkette. Dem steht jedoch Wigners Meinung entgegen, dass der menschliche Körper nicht den Gesetzen der heutigen QM gehorche. Das in Abschnitt 3.2.6 dargelegte Argument „Wigners Freund" (s. S. 49) soll ja gerade zeigen, dass Körper mit Bewusstsein nicht den Gesetzen der QM gehorchen würden. Aus der Sicht der orthodoxen Interpretation in der Version Wigners kann also in Everetts Gedankenexperiment der Beobachter B nicht den Zustand ϕ des Labors einschließlich des Beobachters A bestimmen.

Wigners Argument, dass die QM auf Körper mit Bewusstsein nicht anwendbar sei, macht natürlich die Voraussetzung, dass der Freund wissen könne, ob er vor der Reduktion durch Wigner im Zustand einer Superposition war oder nicht. Wurde der Freund durch Wigner in der Reduktion erst geschaffen, dann ja vielleicht mit dem trügerischen Gedächtnis, auch vorher schon existiert zu haben. Dies klingt absurd, ist aber eine logisch mögliche Konsequenz der orthodoxen Deutung.

b) Einem weiteren Problem der von Neumannschen Messtheorie begegnet man beim quantenmechanischen Zenon-Paradox, das hier nur kurz erwähnt werden soll (Misra, Sudarshan, 1977). Bei diesem Paradox wird gezeigt, dass sich bei der Möglichkeit von idealen Messungen der Zustand eines instabilen Objektes bei kontinuierlicher Beobachtung nicht ändern kann. Kontinuierliche Beobachtung würde also Unsterblichkeit zur Folge haben. Gegen die Unveränderlichkeit von instabilen Objekten scheinen viele Beobachtungen zu sprechen, und Misra und Sudarshan diskutieren als mögliches Gegenbeispiel die Spur eines Mikroobjektes in einer Blasenkammer. Ein möglicher Ausweg aus dem Paradox wäre z.B. das Verbot von kontinuierlicher Beobachtung, wofür es aber in der QM keine weiteren Hinweise gibt.

c) Wohl eines der interessantesten Probleme der orthodoxen Deutung ist, wie man überhaupt noch die Existenz von realen Objekten annehmen und den Solipsismus vermeiden kann. Schon London und Bauer waren sich dieser Problematik bewusst. Der Urheber der orthodoxen Deutung, Johann von Neumann, vertrat eine durchaus realistische Position. Seiner Meinung nach beschreibt die QM mit Hilfe der Bewegungsgleichungen „die Ereignisse, die im beobachteten Teile der Welt stattfinden, solange sie mit dem beobachtenden Teile nicht in Wechselwirkung stehen" (von Neumann, 1968, 224). Wie die QM die Welt außerhalb des Beobachtungsprozesses beschreibt, also wie der mathematische Formalismus zu interpretieren ist, darüber sagt von Neumann jedoch nicht sehr viel. Das Licht besitze eine „in Wahrheit diskret-korpuskulare Natur" (ebd. S. 144). Wie die im 3. Kapitel behandelten Probleme begrifflich zu lösen sind, geht aus seinem hauptsächlich mathematisch gehaltenen Buch nicht hervor. Wigner entgeht diesen Problemen, indem für ihn die QM nur über Beobachtungen spricht. Es stellt sich nun aber die Frage, ob Objekte und andere Menschen nur in seinen Beobachtungen vorkommen und gar keine reale Existenz haben. Postuliert man die Existenz von anderen Beobachtern, so stellt sich das Problem, warum für verschiedene Beobachter die gleichen quantenmechanischen Gesetze gelten. Die Konsequenz des Solipsismus will Wigner nicht ziehen, und auf die Existenz von realen Objekten möchte er nicht verzichten: „it would be virtually suicidal to refuse using it" (Wigner, 1967, 191).[22] Wigner anerkennt die Abhängigkeit unseres Bewusstseins von äußeren Objekten, z.B. von Nahrung, und angesichts des

---

[22] „es wäre praktisch selbstmörderisch, ihre Benutzung zu verweigern"

drohenden Solipsismus als Konsequenz seiner Deutung beruft er sich darauf, dass wir über das Verhältnis von Körper und Geist, von realen Objekten und dem Bewusstsein, bislang noch zu wenig wissen. Konsequenterweise vertritt er den Standpunkt, dass die QM auf Körper mit Bewusstsein nicht anwendbar sei. Diese Vermutung klingt zunächst natürlich sehr ad hoc, viele Biologen und Psychologen sind aber – aus den unterschiedlichsten Gründen – ebenfalls der Überzeugung, dass die heutige Physik nicht alle biologischen Vorgänge erklären könne.

Wenn es aber derartig wichtige offene Fragen gibt, warum kann man dann nicht gleich das Problem der Reduktion der Wellenfunktion als ein noch ungelöstes hinnehmen? Wigner vertritt den Standpunkt, dass die physisch-chemischen Bedingungen das Bewusstsein schaffen (Wigner, 1967, 178). Wenn aber schon akzeptiert wird, dass die Materie neue Eigenschaften oder Substanzen hervorbringen kann, warum ist es dann nicht möglich, dass schon auf der Ebene von Messgeräten neue und bislang unentdeckte Eigenschaften entstehen, die für die Reduktion der Wellenfunktion verantwortlich sind? Auf dieses Argument könnte allerdings entgegnet werden, dass emergente Geräteeigenschaften das Renningersche Messproblem der heutigen QM (s. S. 54f) nicht lösen.

d) Die Lösung des Problems der Reduktion des Wellenpaketes durch den Eingriff des Bewusstseins ist noch aus anderen Gründen unbefriedigend. „In particular, the "reduction of the wave packet" enters quantum mechanical theory as a *deus ex machina*, without any relation to the other laws of this theory", und die Reduktion durch das Bewusstsein ist „shrouded in mystery" (Wigner, 1967, 187f).[23] Problematisch ist, dass das Bewusstsein des Physikers in den Formeln der QM überhaupt nicht auftaucht. Soll es sich nicht nur um eine ad hoc Erklärung handeln, so müsste genauer angegeben werden, wie das Bewusstsein die Reduktion durchführt. Verwunderlich ist auch, dass uns gar nicht bewusst ist, dass und wie wir die Reduktion durchführen; tatsächlich müsste es sich also um die Leistung des Unterbewusstseins handeln.

---

[23] „Insbesondere betritt die "Reduktion des Wellenpaketes" die quantenmechanische Theorie wie ein *deus ex machina*, ohne jede Beziehung zu den anderen Gesetzen dieser Theorie", ..., „eingehüllt im Mysterium"

e) Neben den vielen anderen erfolglosen Versuchen einer befriedigenderen Messtheorie gibt es einen neueren Ansatz, der hier kurz angesprochen werden soll. Der orthodoxen Messtheorie und anderen Problemen der QM versucht man zu begegnen durch die Einführung einer nichtklassischen Logik, einer Quantenlogik. Logische Relationen sind danach in dem Sinne empirisch, dass sie im Rahmen der Theorienkonstruktion auf eine faktisch-synthetische Weise und abänderungsfähig aufgebaut werden. Danach ist die algebraische Struktur über die Menge der quantenmechanischen Aussagen nicht wie in der klassischen Mechanik boolesch, sondern orthomodular, wobei die distributive Identität durch die schwächere modulare Identität ersetzt wird.

Dass man auf diese Weise die Probleme der QM nicht löst, sondern bestenfalls auf die Interpretationsprobleme eines neuen Formalismus verschiebt, soll kurz angedeutet werden anhand der Theorie von Hans Primas (1983a). Primas verallgemeinert den herkömmlichen Formalismus der QM derart, dass in dieser generalisierten QM neben Quantenobjekten auch klassische Objekte existieren und dass es beim Messprozess zu einer Wechselwirkung zwischen einem quantenmechanischen und einem klassischen System kommt (Primas, 1986, 151). Die generalisierte QM ist eine Muttertheorie, die eine unteilbare, holistische Realität repräsentiert und die weder beobachtbare Objekte noch raumzeitliche Strukturen kennt. Erst durch die Wahl eines bestimmten Aspektes wird die holistische Symmetrie gebrochen, und man gelangt zu einer Untertheorie, welche die Struktur der Booleschen Algebra trägt. Erst durch eine epistemische Symmetriebrechung (durch Vernachlässigung der EPR-Korrelationen) werden die Objekte – quantenmechanische und klassische – oder auch emergente Eigenschaften geschaffen. Unsere wahrgenommene Welt entsteht durch einen Abstraktionsprozess, bei dem potentielle Objekte aktualisiert werden (Primas, 1984, 255ff).

Primas' Deutung steht mehreren Problemen gegenüber. Primas stellt seine Theorie als eine realistische Theorie hin, gibt aber wegen der unteilbaren Ganzheit der Welt die Subjekt-Objekt Trennung auf (Primas, 1984, 255). Wenn aber die Welt nicht mehr unabhängig ist vom erkennenden Subjekt, dann ist schwer einzusehen, wie man noch von einem ontologischen Realismus im Sinne der im 1. Kapitel gegebenen Charakterisierung sprechen kann. (Dieses Problem wird bei der Diskussion der Nicht-Separabilität im nächsten Abschnitt noch einmal aufgegriffen.) Ebenso kann kaum von einem erkenntnistheoretischen Realismus gesprochen werden. Wenn überhaupt, dann spricht Primas nur der Muttertheorie Wahrheit zu, wohingegen die Untertheorien keine objektive Bedeutung besitzen.[24] Über die Realität gemäß der Muttertheorie erfährt man aber nur, dass sie keine beobachtbaren Objekte und keine Raumzeitstrukturen enthält und dass sie eine unteilbare Ganzheit bildet. Der Formalismus der Muttertheorie wird nicht genauer interpretiert. Auch ist zweifelhaft, ob Primas das Beobachtungsproblem wirklich löst. Das Messproblem soll durch eine Wechselwirkung zwischen einem quantenmechanischen und einem klassischen Objekt gelöst werden, die Objekte selbst entstehen aber erst durch einen Symmetriebruch. Besonders unklar äußert sich Primas über die Natur der Symmetriebrechung, die manchmal als psychologischer (Primas, 1984, 256f), manchmal als physikalischer Vorgang (1984, 254) oder auch als beides (1977, 292; 1984, 256) gedeutet werden kann. Es ist unklar, was genau Primas mit „Abstraktion" meint. Die Aktualisierung eines Objektes aus einer Menge potentieller Objekte kann nur noch schwer als Abstraktion im herkömmlichen Sinne verstanden werden; es kann sich hierbei nicht einfach um die epistemische Vernachlässigung von EPR-Korrelationen handeln. Dass er an irgendeiner Stelle nicht um einen physikalischen Vorgang herum kommt, den er dann nicht erklären kann, deutet Primas selbst an: „Even if we do not understand the causes of this symmetry breaking" (Primas, 1983b, 257).[25] An dieser Stelle könnten die orthodoxen Interpreten das Bewusstsein zum Zuge kommen lassen.

f) Zum Schluss dieses Abschnittes sollen noch einige Bemerkungen zu Wigners Kritik an Heisenbergs Messtheorie gemacht werden. Wie im Abschnitt 3.2.6 (s. S. 50f) gesagt wurde, nimmt Heisenberg an, dass die Reduktion bereits durch das Messgerät erfolge und man nur noch nicht wisse, welcher Zustand vorliege, bis man ihn durch die Ablesung des Gerätes zur Kenntnis genommen habe. Wigner zeigt anhand eines Stern-Gerlach Versuches (s. S. 51f), dass nach dem Durchgang des

---

[24] An manchen Stellen stellt Primas auch generell den Wahrheitsanspruch in Abrede und spricht nur von der Nützlichkeit von Theorien (Primas, 1983a, 349).

[25] „Selbst wenn wir die Ursachen dieser Symmetriebrechung nicht verstehen"

Teilchenstrahles durch das Magnetfeld noch keine Reduktion erfolgt sein kann.

Darauf kann erwidert werden, dass die Reduktion deshalb noch nicht an dieser Stelle vorliege, weil noch kein irreversibler Verstärkungsakt stattgefunden hat. Nach der Kopenhagener Deutung erfolgt die Reduktion durch einen irreversiblen Verstärkungsakt im Messgerät. Es bleibt aber zu fragen, wie es im Messgerät zu einem irreversiblen Prozess, durch den die Reduktion erfolge, kommen kann, wenn jedes seiner Bestandteile durch die Schrödinger-Gleichung beschreibbar sein soll. Außerdem lösen Vorgänge im Messgerät nicht das Renninger-Paradox.

Was das Reduktionsproblem der Zustandsfunktion betrifft, hat es jedoch in den letzten Jahren erfreuliche Fortschritte gegeben, was im letzten Kapitel als Nachwort zur zweiten Buchauflage behandelt wird, zusammen mit anderen Entwicklungen.

4.3 Verletzung der Bellschen Ungleichung

a) Im zu Beginn von Kapitel 3 angeführten Zitat (s. S. 22f) vertritt Stegmüller die These, durch die Bellsche Ungleichung sei der Realismus eine empirisch überprüfbare physikalische Aussage geworden.

Zunächst muss man sich über die Geltung empirischer „Fakten" im Klaren sein. Man ist sich unter Erkenntnistheoretikern allgemein einig darüber, dass Beobachtungen theorienbeladen sind, so dass empirische Fakten keine absolute Geltung besitzen, sondern nur so viel gelten wie die Theorien, die sie enthalten. Wie in Abschnitt 3.5 ausgeführt wurde, scheint man nur die Wahl zu haben, die Realismus- oder die Lokalitätsforderung aufzugeben. Für die Beibehaltung der Lokalität spricht die Relativitätstheorie, das Argument gegen den Realismus ist somit eng verknüpft mit der Geltung dieser Theorie.

b) Hieraus wird auch deutlich, dass dieses Argument gegen den Realismus in erster Linie den erkenntnistheoretischen, nicht aber den ontologischen Realismus bedroht. Ist es uns nicht möglich, mit Hilfe wissenschaftlicher Theorien die Welt objektiv zu beschreiben, verliert also zum Beispiel die Relativitätstheorie ihre objektive Bedeutung, so kann die Welt nicht-lokale Vorgänge enthalten und der ontologische Realismus kann beibehalten werden.

Kritisiert werden kann auch die in Abschnitt 3.5 gegebene Forderung des Realismus („Physikalische Objekte existieren unabhängig von ihrer Beobachtung.") als Voraussetzung des Bellschen Beweises. Diese Forderung kann abgeschwächt werden zu: „Beobachtbare Eigenschaften von physikalischen Objekten existieren unabhängig von ihrer Beobachtung." Auch in diesem Falle würde die Aufgabe dieser Realismusannahme den ontologischen Realismus nicht gefährden. Allerdings ist noch unverständlich, was man unter einem Objekt verstehen soll, das unabhängig von der Beobachtung z.B. nicht die Eigenschaft besitzt, einen Ort einzunehmen.

c) Dem Argument, die Relativitätstheorie verbiete Fernwirkungen, wird auf mehrfache Weise versucht zu begegnen:

1. Ebenso wie die Newtonsche Physik nur bei kleinen Geschwindigkeiten anwendbar ist, könnte auch der Anwendungsbereich der Relativitätstheorie eingeschränkt sein. Stapp schlägt vor, die Gültigkeit der Relativitätstheorie auf die Phänomenwelt zu beschränken, so dass sie auf der ontologischen Ebene keine Bedeutung besäße (Stapp, 1979). Und Bohm vermutet, dass die Relativitätstheorie nur als statistische Approximation Gültigkeit besitze und dass es eine subrelativistische Ebene geben könnte (Bohm, Hiley, Kaloyerou, 1987; Bohm, Hiley, 1993).

2. Aus der klassischen Elektrodynamik ist bekannt, dass sich die Phase einer ebenen Welle mit Überlichtgeschwindigkeit fortpflanzen kann. Verboten ist jedoch, dass die Gruppengeschwindigkeit, d.h. die Geschwindigkeit eines Wellenpaketes (welches man aus der Überlagerung mehrerer ebener Wellen erhält) größer als die Lichtgeschwindigkeit wird. Man sagt deshalb, dass die Relativitätstheorie die Ausbreitung von Signalen mit Überlichtgeschwindigkeit verbiete.

Es kann gezeigt werden, dass man allein mittels der EPR-Korrelation keine Informationen übermitteln kann. Wenn die Messungen raumartig getrennt sind, dann sind die Erwartungswerte für die Photonen an dem einen Messgerät unabhängig von der Wahl des Operators am anderen Messgerät (Schlieder, 1968), zwei Physiker können sich deshalb durch die EPR-Korrelation keine Grüße übermitteln. Es sei jedoch dahingestellt, ob das ein wenig anthropozentrisch klingende Argument der Unmöglichkeit der Kommunikation durch die EPR-Korrelation noch im Sinne der Relativitätstheorie ist, ob also Signale als Informationen oder Botschaften gedeutet werden können (vgl. Stöckler, 1986b, 306f).

3. Entgegen der gängigen Meinung wird manchmal behauptet, dass die Relativitätstheorie Fernwirkungen nicht unbedingt ausschließe. Objekte mit Überlichtgeschwindigkeit, Tachyonen, seien mit der Theorie vereinbar. Tachyonen konnten aber bislang nicht nachgewiesen werden, und wären sie tatsächlich die Überträger bei der EPR-Korrelation, dann wäre schwer zu verstehen, warum sie noch nicht nachgewiesen wurden. Auch hätten Tachyonen eine imaginäre Masse – und was soll man sich darunter realistisch vorstellen?

4. Schaut man sich die mathematischen Formeln der Relativitätstheorie an, so wird schnell klar, dass die Formeln Masseteilchen mit Überlichtgeschwindigkeit nicht erlauben, da die Masse mit Annäherung an die Lichtgeschwindigkeit ins Unendliche wächst. Objekte ohne jede Masse hätten dieses Problem nicht! Deshalb muss daran erinnert werden, dass heute die Masse nicht mehr das Substrat des Objektes darstellt, sondern eher eine Art Gravitationsladung. Und so wie es Objekte ohne elektrische Ladung gibt, könnte es auch Objekte geben, die auf Gravitation nicht ansprechen. Da jedoch Masse auch eine Form von Energie ist ($E = mc^2$), wären masselose Teilchen auch ohne Energie. Was soll man sich aber darunter vorstellen? Berücksichtigen sollte man jedoch, dass man angesichts der komplizierten Realismusprobleme der QM um eine einschneidende Änderung unseres Naturverständnisses nicht herumkommen wird, will man überhaupt noch am Realismus festhalten. Bedenken sollte man deshalb auch, dass es nach der Energie-Zeit-Unschärferelation in ganz kleinen Raum- und Zeitabschnitten ständig zu Energiefluktuationen kommt – woher kommt aber diese zusätzliche Energie, gibt es eine energielose Existenzform?

d) Es wurde bisher angenommen, dass entweder der Realismus oder die Lokalität aufgegeben werden müsse. Vier Vorschläge, die Ergebnisse der Experimente zur Bellschen Ungleichung zu akzeptieren und dennoch an Realismus und Lokalität festzuhalten, sollen kurz erwähnt werden:

1. Es wurde die Vermutung einer komplizierteren Mikrotopologie wieder aufgegriffen und zwar derart, dass bei einem System, das aus zwei scheinbar räumlich getrennten, aber korrelierten Komponenten besteht, die Mikrostruktur der Raumzeit einen Henkel aufweise. Da die

Komponenten nur im Außenraum die raumartige, durch das Wurmloch betrachtet aber eine zeitartige Trennung besitzen, verschwindet die Verletzung der relativistischen Kausalität (Shimony, 1978).

2. Eine besonders seltsam anmutende Lösung des EPR-Paradoxons schlägt de Beauregard vor (1976). Er nimmt Wirkungsausbreitungen in die Vergangenheit und psychokinetische Einflussmöglichkeiten des Beobachters an.

3. Büchel ist in Anlehnung an Heisenberg der Auffassung, dass „das mikrophysikalische Geschehen nicht als in Raum und Zeit in einer bestimmten Weise ablaufend gedacht werden kann" (Büchel, 1969, 166). Auf die Möglichkeit der Aufgabe der Raumzeit wird im 6. Kapitel noch genauer eingegangen.

4. Der Beweis der Bellschen Ungleichung basiert hauptsächlich auf den beiden Voraussetzungen des Realismus und der Lokalität. Von einigen Realisten wird angenommen, dass der Beweis zusätzlich auf einer dritten Annahme fuße, welche aufgegeben werden müsse: die Separabilitätsbedingung (z.B. Bunge, 1985a; Jammer, 1986, 136). Separabilität bedeutet, dass zwei räumlich getrennte Systeme eigenständig sind, d.h. dass sie eine voneinander unabhängige Existenz besitzen. Gibt man die Separabilität auf, so sind zwei Protonen nach ihrer Wechselwirkung nicht mehr zwei autonome Objekte, sondern bilden ein einziges Objekt.

Gefragt werden muss jedoch, was unter der Nicht-Separabilität zweier unter Umständen weit voneinander entfernter Protonen, die nur noch zwei untrennbare Teilsysteme eines Gesamtsystems sein sollen, begrifflich zu verstehen ist. Gefragt werden muss, ob die voneinander abhängige Existenz zweier Teilsysteme wirklich ohne Fernwirkung auskommt. Soll die Nicht-Separabilität nicht nur eine verbale Verdeckung des Verstoßes der Lokalität sein, so muss schon genauer angegeben werden, was man unter diesem Begriff zu verstehen hat. Im Formalismus der QM hat ein zusammengesetztes System einen einzigen gemeinsamen Zustand bzw. einen gemeinsamen Vektor im Hilbertraum, die Teilsysteme haben keinen eigenen Zustand bzw. keinen eigenen Vektor; was man aber darunter genauer zu verstehen hat, ist gerade eines der Interpretationsprobleme der QM. Wie können zwei räumlich getrennte Objekte ein einziges Objekt sein?

Bezieht man, wie allgemein üblich, die QM auf alle materiellen Systeme, so kann die Nicht-Separabilität ein weiteres Problem aufwerfen, wenn das Bewusstsein als eine Eigenschaft des Gehirns aufgefasst wird. Zieht man aus der Nicht-Separabilität den Schluss, dass die gesamte Welt eine holistische Ganzheit bilde (z.B. Primas, 1984, 255), so kann man im Sinne der im 1. Kapitel gegebenen Charakterisierung kaum noch von einem ontologischen Realismus sprechen, da die Objekte nicht mehr unabhängig vom erkennenden Subjekt existieren. Unter Umständen sind die Einwände, dass das Subjekt nur ein Spezialfall einer Umwelt eines Objektes sei und dass es in der Evolution Zeiten gab, in denen es keine erkennenden Subjekte gab, als Gegenargumente nicht anwendbar, da die QM auch unsere Zeitvorstellung (als Teil der Raumzeit) grundsätzlich in Frage stellt.[26]

e) Der Bellsche Beweis hängt von zwei weiteren Voraussetzungen ab, die bisher nicht erwähnt wurden und nur genannt werden sollen: klassische Logik und klassische Wahrscheinlichkeitstheorie (d`Espagnat, 1980; Accardi, 1985).

f) Besonders spitzfindige kritische Überlegungen wurden von den Physikern Marshall, Santos und Selleri angestellt (Marshall, Santos, Selleri, 1985; Selleri, 1984, 1985; Santos, 1985). Wegen der begrenzten Genauigkeit der Messgeräte kann die Bellsche Ungleichung nicht direkt experimentell überprüft werden. Zur Überprüfung der Ungleichung bedarf es einer Zusatzannahme, nach der die Wahrscheinlichkeit der Beobachtung der paarweise emittierten Photonen oder Protonen durch die

---

[26] Eine gute Illustration des Zeitbegriffes aus quantenmechanischer Sicht gibt ein Aufsatz von Wheeler (1984), in dem er die QM auf frühere kosmologische Zeiten anwendet: „Es ist falsch, die Vergangenheit als das anzusehen, das in jeder Einzelheit schon existiert. Die Vergangenheit ist theoretische Konstruktion. ... Die Phänomene, die durch die Entscheidungen [welche Observablen bestimmt werden sollen] hervorgerufen werden, reichen bis in die frühesten Tage des Universums zurück. Die Meßgeräte, die heute zum Einsatz kommen, haben einen nicht zu vernachlässigenden Anteil daran, das hervorzubringen, was unserem Eindruck nach längst geschehen ist" (ebd. S. 218).

Detektoren unabhängig von der Orientierung der Polarisatoren ist. Von den genannten Physikern wird darauf verwiesen, dass diese Annahme dem Geist der Theorien mit verborgenen Parametern widerspreche. Sind die verborgenen Parameter beeinflussbar durch die Orientierung der Polarisatoren, so können die bislang durchgeführten Experimente nicht als eine Widerlegung der lokalen realistischen Theorien betrachtet werden. Marshall, Santos und Selleri beschreiben ein lokales realistisches Modell, das der Zusatzannahme widerspricht und das den experimentellen Daten teilweise gut entspricht.

Six hält dieser Kritik entgegen, es reiche nicht aus, dass die verborgenen Parameter von Polarisatoren beeinflusst würden; sie müssten auch von den Detektoren beeinflusst werden, wenn lokale realistische Theorien allen experimentellen Befunden gerecht werden sollen; eine derartige Verschwörung von unbekannten Parametern, Polarisatoren und Detektoren sei aber höchst unplausibel (Six, 1985).

Eine weitere Kritik an der antirealistischen Deutung der Experimente zur Bellschen Ungleichung richtet sich gegen die ursprüngliche Formulierung des EPR-Paradoxons. Nach Einstein, Podolsky und Rosen kann man eine bestimmte Eigenschaft eines physikalischen Systems als real betrachten, wenn es möglich ist, ihren Wert mit Sicherheit und ohne Störung des Systems vorherzusagen. Nach Selleri ist es aber im Allgemeinen unmöglich, absolut sichere Voraussagen für das Ergebnis einer Messung zu machen. Nach dem Wigner-Araki-Yanase-Theorem sind nur solche Größen präzise messbar, die mit additiven Erhaltungsgrößen kommutieren. Selleri fordert deshalb ein schwächeres Realitätskriterium und neue Bellsche Ungleichungen. Selleri gibt selbst ein Beispiel für eine neue Ungleichung, die der QM widerspricht und für die er eine neue Generation von Experimenten fordert (Selleri, 1985).

Marshall, Santos und Selleri bringen noch weitere interessante Argumente vor (Photonenstreuungen in den durchgeführten Experimenten; ein weiteres Argument für die Notwendigkeit von neuen Ungleichungen; ein universales Hintergrundgeräusch), die aber hier nicht diskutiert werden sollen.

Kritisch zu bemerken an den Theorien mit verborgenen Parametern ist natürlich, dass diese Parameter bislang empirisch nicht nachgewiesen werden konnten.

g) Zum Schluss dieses Kapitels soll noch van Fraassens Kritik am wissenschaftlichen erkenntnistheoretischen Realismus erwähnt werden. Van Fraassen koppelt den erkenntnistheoretischen Realismus mit der Suche nach kausalen Mechanismen, mit der Suche nach gemeinsamen Ursachen. Damit legt er eine erkenntnistheoretische Position auf ontologische oder methodologische Annahmen oder Forderungen fest: Korrelationen entstehen durch kausale Mechanismen bzw. die Wissenschaft habe nach kausalen Erklärungen zu suchen.[27] Eine derartige Festlegung einer erkenntnistheoretischen Position auf bestimmte Annahmen über die Welt oder methodologische Prinzipien ist aber schwer zu rechtfertigen. Es ist nicht einzusehen, warum die Realität unbedingt nach kausalen Prinzipien strukturiert sein soll. Um dieses behaupten zu können, müsste man die Welt bereits ein Stück weit erkennen, was ja gerade in Frage steht. Sollte die Realität nicht kausal strukturiert sein, wäre die Forderung der kausalen Erklärung ein fataler methodologischer Fehler.

---

[27] Zu van Fraassens Definition von Kausalität vgl. van Fraassen, 1982, S. 27, 31.

5. Realistische Interpretationen der Quantenmechanik

Im Rahmen dieser Arbeit ist es nicht möglich, alle realistischen Deutungsversuche zu behandeln, und aus diesem Grund werde ich mich auf die vier bekanntesten Versuche beschränken. Allerdings können auch diese nicht in allen Details behandelt werden; es werden deshalb nur die Grundgedanken dieser Deutungen beschrieben, wobei das Schwergewicht darauf liegt anzugeben, worin ihre Schwächen bestehen. Die hier nicht genannten Deutungsversuche sind jedoch keineswegs erfolgreicher; vielleicht mit Ausnahme von Heisenbergs Ansichten, worauf ich im nächsten Kapitel genauer eingehen werde. So vertreten manche Interpreten den Standpunkt, die QM beziehe sich nicht auf Einzelobjekte, sondern auf ganze Ensembles von Objekten. Dann bleibt jedoch z.B. ein Rätsel, warum es zusätzlich noch eine statistische QM gibt.

5.1 David Bohm

5.1.1 Verborgene Parameter

Eine Deutung der QM mit Hilfe verborgener Parameter wurde 1952 von Bohm und 1954 von Bohm und Vigier gegeben (Bohm, 1986a; Bohm, Vigier, 1954). Die Hauptpunkte lassen sich wie folgt zusammenfassen:

Die Wellenfunktion repräsentiert ein reales (Wellen-) Feld, und zusätzlich zu diesem Feld gibt es Teilchen, die immer wohldefinierte Koordinaten besitzen. Die komplexe Wellenfunktion als Lösung der Schrödinger-Gleichung kann ausgedrückt werden in der Form $\Psi = R\,\exp(\frac{iS}{\hbar})$, wobei R und S reelle Funktionen der Ortskoordinaten sind. Die mittlere Geschwindigkeit eines Teilchens ist gegeben durch $\vec{v} = \frac{\nabla S}{m}$, wobei m seine Masse ist. Die Bahn eines Teilchens erhält man durch Integration über die Phase der Wellenfunktion. Zusätzlich zum klassischen Potential gibt es ein Quantenpotential $U = -\frac{\hbar^2 \nabla^2 R}{2mR}$, welches aus der Hamilton-Jacobi-Gleichung folgt, die man aus der Schrödinger-Gleichung gewinnen kann und deren Lösung S angibt. Das Feld unterliegt derartigen zufälligen und chaotischen Fluktuationen, dass sich die Werte von Ψ als Mittelwerte über ein charakteristisches Zeitintervall τ ergeben. Die Schrödinger-Gleichung bestimmt das mittlere Verhalten des Wellenfeldes. Ähnlich der Verursachung der Brownschen Bewegung durch Moleküle einer tieferen Ebene sollen diese Fluktuationen einer tieferen subquantenmechanischen Ebene entstammen, und die Fluktuationen des Feldes wirken sich über das fluktuierende Quantenpotential auf die Bewegung der Teilchen aus. Über $P = R^2 = |\Psi|^2$ erhält man die Bornsche Verteilungsfunktion. R hat dann eine doppelte Bedeutung: Es gibt die Teilchenverteilung in einem statistischen Ensemble an und ist zugleich die Amplitude der Welle eines einzelnen Systems. Der Spin ist kein Eigendrehimpuls, sondern eine Zirkulationsbewegung des Teilchens (Bohm, Hiley, 1993, Kap. 10).

Die Bewegung der Teilchen wird durch zwei Komponenten bestimmt: durch das Quantenpotential und durch die Schwankungen der subquantenmechanischen Ebene. Die Rückwirkung des Körpers auf das Feld soll so klein sein, dass sie sich nur auf der subquantenmechanischen Ebene auswirkt. Durch das Quantenpotential wird das Teilchen dorthin gezogen, wo $|\Psi|$ am größten ist:

„Für Werte von U, die plus unendlich anstreben, entsteht dabei eine unendliche Kraft, die das Teilchen von diesem Punkt fernhält. Strebt U dagegen gegen minus unendlich, so wird das Teilchen den betreffenden Punkt mit unendlicher Geschwindigkeit durchqueren und daher keine Zeit dort verbringen. In beiden Fällen ergibt sich ein einfaches und präzise definiertes begriffliches Modell, das erklärt, warum Teilchen niemals in Punkten gefunden werden, in denen die Wellenfunktion verschwindet" (Bohm, 1986a, 179).

Stehen zwei Teilchen in Wechselwirkung, so zeigen ihre Bahnen wilde Schwankungen, und schließlich beruhigt sich das Verhalten des Systems und wird wieder einfach. Das Wellenpaket eines jeden Teilchens zerfällt dabei in nichtüberlappende Teile, und jedes Teilchen wird in einem Teil eingefangen. Die anderen Teile können dann ignoriert werden, was als eine Lösung des Problems der Reduktion des Wellenpaketes betrachtet wird. Ein Zweiteilchensystem muss aber trotzdem als ein einziges sechsdimensionales System und kann nicht als Summe zweier separierbarer dreidimensionaler Untersysteme aufgefasst werden – es bildet eine unteilbare Ganzheit, jedoch nicht im dreidimensionalen Raum, sondern im Konfigurationsraum beider Teilchen. Die Impulse beider Teilchen hängen deshalb in untrennbarer Weise voneinander ab. Beim N-Teilchen System kann das Quantenpotential, das einer Vielkörperkraft entspricht, nicht als eine Summe von N Termen ausgedrückt werden, wodurch das EPR-Paradox und die Effekte des Pauli-Prinzips intuitiv verständlich werden: Eine Wechselwirkung zwischen zwei Teilchen hängt deshalb von allen anderen Teilchen ab, und selbst auf große Distanzen gibt es zwischen ihnen eine große und direkte Kopplung. Beim Doppelspalt-Experiment beeinflusst das geöffnete Loch, durch das das Teilchen nicht hindurchgeht, das Verhalten des Teilchens, weil das Quantenpotential Informationen über beide Löcher enthält. Die Heisenbergschen Unschärferelationen sind ein Resultat dessen, dass ein beobachtetes Teilchen durch die wilden Schwankungen des Quantenpotentials während der Messung unvorhersagbar und unkontrollierbar gestört wird. Die diskontinuierliche Natur der Energieübertragung wird ebenfalls durch das Quantenpotential bewirkt.

Bohm konnte zeigen, dass seine Theorie zu Ergebnissen führt, die mit denen übereinstimmen, die sich aus der üblichen QM ergeben. Seine Theorie bietet jedoch auch die Möglichkeit der Modifikation, so dass sie bei kleinsten Abständen und Zeiten zu anderen Vorhersagen führen kann.

Diese Theorie sieht auf den ersten Blick sehr elegant aus, und sie ist tatsächlich eine der besten realistischen Interpretationsversuche. Sie hat jedoch auch ihre Schwächen, die nun behandelt werden sollen:

a) Für die subquantenmechanische Ebene gibt es bislang keine experimentellen Befunde, und auch bei den kleinsten bisher erreichten Abständen und Zeiten gilt die herkömmliche QM.

b) Die Quelle des Quantenpotentials ist unbekannt.

c) Einer der seltsamsten Züge dieser Theorie ist, dass das Quantenpotential nicht von der Intensität des Quantenfeldes, sondern nur von dessen Form abhängt. Die Multiplikation der Wellenfunktion mit einer Konstanten ändert nämlich das Quantenpotential nicht. Selbst wenn die Wellenfunktion sehr kleine Werte annimmt, kann das Quantenpotential sehr groß sein. Dies bedeutet, dass der Effekt nicht notwendig mit der Entfernung abnimmt. Die Schrödingerwelle wirkt also nicht auf das Teilchen wie eine Wasserwelle, die ein schwimmendes Objekt vorantreibt und deren Kraft proportional zur Wellenamplitude ist.

d) Das Problem der Reduktion des Wellenpaketes soll dadurch gelöst werden, dass das Wellenpaket in nichtüberlappende Teile zerfällt und dann das Teilchen in einem dieser Teilpakete eingefangen wird. Nach Bohms Theorie sollen aber Gebiete mit $\Psi = 0$ für das Teilchen nicht undurchdringlich sein. Vielmehr werden sie mit unendlich hoher Geschwindigkeit durchquert, so dass die Wellenpakete, in denen sich das Teilchen gerade nicht befindet, nicht für alle Zeiten ignoriert werden können.

e) Eines der wichtigsten Probleme der Theorie von 1952 und 1954 ist – u.a. wegen der Nichtlokalität des Quantenpotentials – die Frage nach der Vereinbarkeit mit der Relativitätstheorie. Wegen mehrerer Probleme seiner Interpretation vor allem mit der relativistischen und der statistischen QM sah sich Bohm letzten Endes gezwungen, völlig neue Wege zu gehen, was im nächsten Abschnitt genauer dargestellt wird. In neueren Arbeiten wird die Theorie auch auf relativistische Quantenfeldtheorien ausgedehnt, und die Teilchendeutung wird nun aufgegeben und stattdessen werden Objekte als Feldanregungen betrachtet (Bohm, Hiley, 1984; Bohm, Hiley, Kaloyerou, 1987). Auf die Problematiken dieser Deutung (z.B. der Existenz eines nicht-kovarianten Grundzustandes) soll hier nicht näher eingegangen werden.

5.1.2 Information und implizite Ordnung

In seinen letzten Lebensjahren beschrieb Bohm neue Interpretationsversuche, mit denen er u.a. das Problem seiner ursprünglichen Theorie beheben wollte, dass das Quantenpotential, das er auch in den neuen Interpretationen benutzt, nicht von der Intensität des Quantenfeldes abhängt, sondern nur von dessen Form. Er vergleicht nun die Situation mit einem automatischen Schiff, das durch Radarwellen geführt wird (Bohm, 1986b; Bohm, Hiley, 1984; Bohm, Hiley, Kaloyerou,1987).

Ein Schiff ist ein eigenaktives System und die Form der Aktivität wird bestimmt durch den Informationsgehalt der Radarwellen. Analog wird die Schrödingerwelle zu einer Informationswelle, die aktive und passive Informationen enthalten kann, und den Elementarteilchen wird eine komplexe innere Struktur zugesprochen, durch die sie die Informationen ähnlich einem Funkgerät verarbeiten können. Dem Einwand gegen Bohms ursprünglicher Lösung des Problems der Reduktion der Wellenfunktion, wie es unter Punkt d vorgebracht wurde, wird folgendermaßen begegnet: Die aktive Information eines Wellenpaketes steuert das Teilchen derartig, dass es dieses Wellenpaket nicht verlässt; die anderen Wellenpakete enthalten dann nur passive Informationen, d.h. sie steuern keine Objekte. Ein anderes Problem ist, wie im 3. Kapitel ausgeführt wurde, dass die Dimensionalität des Konfigurationsraumes davon abhängt, wie viel Teilchen man betrachtet. Dieses Problem „löst" Bohm nun ebenfalls auf informationstheoretische Weise: „that the wavefunction constitutes a kind of *information content*. Thus, it is well known that information (e.g., in a computer) can be ordered in as many dimensions as may be convenient or appropriate. And so the multidimensional nature of the wavefunction now presents no insoluble problem of interpretation" (Bohm, 1986b, 122).[28]

Bis zu seinem Tod im Jahre 1992 war Bohm mit der Theorie von 1952 bzw. mit deren Deutung unzufrieden und versuchte immer wieder, neue Wege zu gehen. So versuchte er außerdem, zwei verschiedene Seinssphären zu unterscheiden, das Gebiet der impliziten Ordnung und das der expliziten Ordnung (Bohm 1980; Bohm, Weber, 1986; Bohm, Hiley, 1993). Der Bereich der expliziten Ordnung entspricht der von uns wahrgenommenen raumzeitlichen Welt, der Bereich der impliziten Ordnung entspricht eher Heisenbergs Potentia-Zustand, aus dem heraus materielle Objekte und vielleicht sogar die Raumzeit erschaffen werden (Bohm, Hiley, 1993). Die problematische Beziehung zwischen dem Konfigurationsraum und dem dreidimensionalen Raum (s. Kapitel 3)

---

[28] „dass die Wellenfunktion eine Art von *Informationsinhalt* bildet. Denn es ist wohlbekannt, dass Informationen (z.B. in einem Computer) in so vielen Dimensionen zusammengestellt werden können, wie es angenehm oder angebracht sein mag. Und deshalb bildet nun die multidimensionale Natur der Wellenfunktion kein unlösbares Interpretationsproblem."

wird nun folgendermaßen behandelt: „Ich meinerseits behaupte nun, die 3n-dimensionale Wirklichkeit [des Konfigurationsraumes] ist das, was ist, und wir haben eine Gruppe von Regeln, mit denen sich aufzeigen läßt, wie die 3n-dimensionale Wirklichkeit sich in der dreidimensionalen manifestiert, wobei die beiden zusammen das größere Ganze bilden" (Bohm, Weber, 1986, 111f). Bohm hielt es auch für möglich, dass auf einer tieferen ontologischen Ebene, unterhalb der heute bekannten relativistischen, die Relativitätstheorie keine Gültigkeit besitzt.

Zu diesen neuen Interpretationsversuchen lassen sich natürlich viele kritische Anmerkungen machen: Die Forderung einer komplexen Innenstruktur der Elementarteilchen und ihrer Verarbeitung von Informationen sind Annahmen, die derzeit durch keinerlei empirisches Material gestützt werden und die den heutigen Vorstellungen von Elementarteilchen deutlich widersprechen. Diese Forderungen zeigen gut, wie weit manche Interpretationen über den experimentell bestätigten mathematischen Formalismus hinausgehen. Auch die in neuerer Zeit von Bohm gegebene Unterscheidung von impliziter und expliziter Ordnung bietet bislang noch kein befriedigendes Verständnis für den Zusammenhang der klassischen Raumzeit mit dem quantenmechanischen Konfigurationsraum und für die QM insgesamt. Bohm selbst betrachtete allerdings diese Vorstellungen nur als Anregungen zur Ausarbeitung einer vollständigen und befriedigenden Interpretation der QM.

5.2 Vielweltentheorie (Everett)

Diese Interpretation wurde ursprünglich von Hugh Everett in seiner Dissertation, unter der Anleitung von John Wheeler, vorgeschlagen. Ebenso wie bei der Kopenhagener Interpretation gibt es auch bei dieser Interpretation verschiedene Interpretationsrichtungen, es soll hier aber nur die Darstellung von Everett (1973a,b) vorgestellt werden.

Everett charakterisiert seine Welleninterpretation als diejenige Interpretation, für die die Wellenfunktion die fundamentale Entität, eine Welle, repräsentiert (Everett, 1973a, 115).[29] Die Wellenmechanik hat für ihn generelle Gültigkeit, auch im Beobachtungsprozess verliert die Bewegungsgleichung ihre Gültigkeit nicht, und der Beobachtungsprozess wird vollständig durch die zeitliche Änderung der Zustandsfunktion des Gesamtsystems Objekt + Messapparat gemäß der Bewegungsgleichung beschrieben.

Das gesamte Universum wird durch eine Wellenfunktion repräsentiert. Treten zwei Untersysteme, z.B. ein Objekt und ein Beobachter oder ein Messgerät, miteinander in Wechselwirkung, so gehen die beiden Untersysteme jeweils in ein Gemenge über, wie es im 3. Kapitel beschrieben wurde. Die Gesamtwellenfunktion wird jedoch niemals reduziert,

---

[29] Everett hebt ausdrücklich hervor, dass seine Deutung der Position Schrödingers sehr nahe komme, die dieser in einem Aufsatz von 1952 einnahm. In diesem Aufsatz machte sich Schrödinger wieder für die These stark, Objekte als Wellen bzw. als Wellenpakete aufzufassen (Schrödinger, 1952).

vielmehr existieren alle Elemente der Gemenge tatsächlich. Das gesamte Universum spaltet sich in der Wechselwirkung in so viele Teile, in so viele Welten auf, wie die Gemenge Elemente enthalten. Jede dieser Welten enthält eines der Objekte mit demjenigen Beobachter, der den Wert des Objektes seiner Welt registriert hat. Everett konnte zeigen, dass die QM die Möglichkeit der Beobachtung dieser Aufspaltung des Universums ausschließt, so dass der Beobachter seine eigene Vervielfältigung nicht bemerkt. Dieser universale Spaltungsprozess geschieht immer dann, wenn nach der konventionellen QM ein Reduktionsprozess eintreten würde, also bei jedem Elementarprozess auch in der entferntesten Galaxie. Das gesamte Universum besteht somit aus Myriaden verschiedener Welten. Das Universum verhält sich vollkommen kontinuierlich und deterministisch, Quantensprünge und die Wahrscheinlichkeiten der konventionellen QM sind lediglich subjektive Phänomene des Beobachters, der immer nur den Wert des Objektes seiner Welt wahrnimmt. Auch wird in der EPR-Situation keine Nichtlokalität benötigt, so dass die Übereinstimmung mit der Relativitätstheorie gesichert ist.

Zur experimentellen Unterscheidung dieser Theorie von der herkömmlichen QM wurden von Deutsch (1986) Experimente vorgeschlagen, worauf ich aber nicht näher eingehen werde. Die Existenz von überabzählbar vielen Welten ist natürlich intuitiv abschreckend, aber im Lauf der Geschichte der Wissenschaft musste man sich schon oft an kontraintuitive Vorstellungen gewöhnen. Als Einwand gegen diese Theorie wird gern das Occamsche Rasiermesser angeführt, wonach man die Ontologie so sparsam wie möglich zu halten habe. Dieses Argument greift jedoch nur dann, wenn es eine alternative und in allen Punkten befriedigende realistische Interpretation gäbe. Die Vielweltentheorie hat aber mehrere andere Schwächen, die nun erwähnt werden sollen:

a) Die ursprünglich von de Broglie und Schrödinger stammende Deutung der Objekte als Wellenpakete scheiterte nicht nur am Zerfließen dieser Pakete im Lauf der Zeit und am Problem der Reduktion des Wellenpaketes. Schrödinger war sich auch der Problematik des Konfigurationsraumes bewusst (Jammer, 1974, 32f). Dieser Raum ist komplex und unendlich-dimensional, die Dimensionszahl hängt von der betrachteten Objektanzahl ab und seine Beziehung zur vierdimensionalen Raumzeit ist unbekannt. Everett äußert sich hierzu nicht.

b) Führt man an einem Objekt eine Impulsmessung durch, so spaltet sich das Universum in viele Welten auf, wobei das Objekt in jeder Welt durch genau eine Impulseigenfunktion charakterisiert ist. Führt man in einer dieser Welten an dem Objekt eine zweite Messung, z.B. eine Ortsmessung, durch, so spaltet sich diese Welt abermals in viele Welten auf, wobei das Objekt diesmal in jeder Welt durch genau eine Ortseigenfunktion charakterisiert ist. Führt man in einer dieser Welten an dem Objekt eine dritte und zwar wieder eine Impulsmessung durch, so spaltet sich diese Welt noch einmal in viele Welten auf, wobei das Objekt in jeder Welt durch genau eine Impulseigenfunktion charakterisiert ist. Wichtig ist, dass das Objekt vor der zweiten Impulsmessung durch eine Superposition von Impulseigenfunktionen gegeben ist, obwohl es nach der ersten Impulsmessung genau eine Impulseigenfunktion hat. Die zwischengeschaltete Ortsmessung führt dazu, dass das Objekt von einem genau bestimmten Impulszustand zu einer Superposition übergeht. Dieser Übergang von einer einzigen Eigenfunktion zu einer Vielzahl von Eigenfunktionen ist aber uneinsichtig, da es sich nach dieser Deutung bei der Messung nur um einen Spaltungsvorgang und nicht auch um einen Entstehungsvorgang handelt. Ein Wellenpaket kann sich aufspalten, aber wie kann eine ebene Welle zu einem Wellenpaket werden?

c) Gefragt werden muss auch, was mit Eigenschaften wie der Masse oder der Ladung bei der Aufspaltung geschieht. Entsteht bei der Spaltung z.B. so viel neue Masse, dass man in jeder abgespaltenen Welt genau so viel Masse hat wie vor der Spaltung, und wie kommt es zu dieser Entstehung?

d) Das Problem, wie man die verschiedenen Darstellungen des Zustandsvektors zu verstehen hat, wird nicht behandelt. Betrachtet man bei den verschiedenen Darstellungen nur verschiedene Aspekte des Objektes oder handelt es sich bei den verschiedenen Darstellungen um Objekte mit verschiedenen Eigenschaften? Hat ein Objekt, dessen Zustandsvektor aus Impulseigenfunktionen aufgebaut ist, keinen Ort, und wie wäre das zu verstehen? Wie kann die Umwelt bzw. das Messgerät die Eigenschaften des Objektes bestimmen? Sollen hingegen alle

Darstellungsformen gleichzeitig gültige Beschreibungen des Objektes sein, so ist in der Theorie nicht festgelegt, welche Aufspaltungen tatsächlich stattfinden. Finden alle Aufspaltungen statt, so dass die Anzahl der Welten abermals ansteigt? Oder findet nur die Aufspaltung nach der Basis desjenigen Operators statt, dessen dynamische Variable wirklich gemessen wird? Dadurch bekäme der Beobachter auch in dieser Deutung eine bedeutsame Rolle, da seine bewusste Entscheidung festlegt, welche Variable gemessen wird.

e) Der Spin wird nicht gedeutet.

5.3 Karl Popper

Für Karl Popper ist die QM eine statistische Theorie, die sich auf eine Population von Teilchen oder auf eine Population von Experimenten mit Einzelobjekten bezieht (Popper, 1967). Der zentrale Teil seiner Interpretation ist die objektive Deutung der Wahrscheinlichkeit. Nach dieser Propensitätsauffassung betreffen Wahrscheinlichkeitsaussagen die gesamte experimentelle Anordnung für wiederholbare Versuche, und das Objekt hat in der entsprechenden Anordnung die Tendenz (die Disposition, die Propensität), bestimmte mögliche Ereignisse zu realisieren. Die Wahrscheinlichkeitsverteilung gibt ein Maß für diese Tendenz.

Die Wellenfunktion repräsentiert ein reales Propensitätenfeld, eine neue physikalische Eigenschaft in Analogie zu den Newtonschen Kräften, das vom gesamten Versuchsaufbau hervorgebracht wird. Zusätzlich zum Propensitätenfeld gibt es Teilchen. Das von Einstein, Podolsky und Rosen vorgebrachte Argument für die gleichzeitige Realität von Ort und Impuls wird als gültig betrachtet: Teilchen besitzen zu jeder Zeit einen wohldefinierten Ort und Impuls. Außerdem sei man in der Lage, Ort und Impuls für die gleiche Zeit exakt zu bestimmen. Es werden zwei Arten von Experimenten unterschieden (Popper, 1985, 19): Experimente wie die Spinmessung ändern den Spin des Teilchens während der Messung, wohingegen z.B. eine Ortsmessung die Position des Objektes in der Regel nicht ändert. Die Unschärferelationen sind statistische Streurelationen: Sie setzen der statistischen Streuung der Resultate von Sequenzen von Experimenten untere Grenzen und verbieten das Aufstellen von exakten Einzelprognosen. Wenn man zum Beispiel Systeme mit scharfem Ort selektiert, dann streuen die Impulswerte. Dabei stellt man eine Häufigkeitsprognose, welche durch die Messung der einzelnen Impulse und durch die Feststellung ihrer statistischen Verteilung nachgeprüft werden muss.

Die Lösung des Problems der Reduktion des Wellenpaketes erläutert Popper am Beispiel des Galtonschen Nagelbrettes (s. Abb. 5.1). Wenn eine Kugel an einem Nagel einen bestimmten Weg eingeschlagen hat, dann ändern sich plötzlich für diese Kugel alle Wahrscheinlichkeiten, in einem bestimmten Fach anzukommen. Wird z.B. die Kugel am ersten Nagel nach links abgelenkt, so verringern sich die Wahrscheinlichkeiten für die rechten Fächer. Dabei ändert sich aber nicht die ursprüngliche Verteilungsfunktion, man betrachtet nur nach dem ersten Stoß ein anderes Experiment.

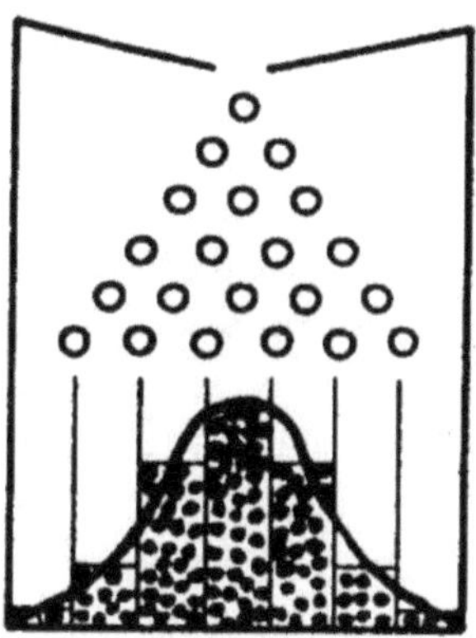

Abbildung 5.1: Galtons Nagelbrett (aus Kanitscheider, 1979, 332)

Die QM ist für Popper eine lokale Theorie; die Experimente zur Bellschen Ungleichung sind für ihn kein Argument gegen die Lokalität. In seiner Kritik derartiger Deutungen bezieht er sich auf das in Abschnitt 4.3 f (s. S. 92f) vorgebrachte Argument von Marshall, Santos und

Selleri, wonach unbekannte Parameter von der Orientierung der Polarisatoren beeinflussbar sein können (Popper, 1985, 23).

Die Schwierigkeiten der Popperschen Deutung sind folgende:

a) Es ist umstritten, ob es gelungen ist, den Propensitätsbegriff hinreichend zu präzisieren. Suppes vermisst eine explizitere formale Charakterisierung der Propensitätsdeutung der Wahrscheinlichkeitstheorie und bezeichnet sie als präsystematisch (Suppes, 1974, 766ff). Poppers objektive Deutung der quantenmechanischen Wahrscheinlichkeiten steht insbesondere dem Problem gegenüber, dass die gemeinsame Verteilung nicht-kommutierender Zufallsvariablen für bestimmte Fälle negative Werte der Wahrscheinlichkeitsdichte liefert, wofür es keine physikalische Deutung gibt. Als weitere Schwierigkeit kommt hinzu, dass Popper die Wellen als Propensitätswellen deutet, obwohl nicht die Amplituden, sondern erst deren Quadrat ein Maß für Wahrscheinlichkeiten sind.

b) Die Heisenbergschen Unschärferelationen werden als statistische Streurelationen gedeutet. Es bleibt aber rätselhaft, warum mit einer Impulsmessung notwendig eine Streuung der Ortswerte und vice versa einhergeht.

Deutet man die QM als statistische Theorie im strengen Sinne, so steht man bei der Popperschen Deutung der Heisenbergschen Relationen einer weiteren Frage gegenüber. Das Produkt der Standardabweichungen nicht-kommutierender Größen ist immer größer als eine positive Konstante. Bei derartigen statistischen Zusammenhängen zwischen zwei Variablen fragt man im Allgemeinen nach den kausalen Relationen entweder zwischen diesen Variablen oder dieser Variablen zu einer gemeinsamen Ursache (Suppes, 1974, 769). Diese und ähnliche Fragen bleiben von Popper unbeantwortet, weil die Relationen zwischen Teilchen und Propensitätswellen nicht genügend bekannt sind. Dass die Beziehung zwischen diesen beiden Entitäten noch nicht befriedigend erforscht ist, gesteht Popper ein (1985, 18).

c) Besonders ungewöhnlich ist, dass das Propensitätenfeld vom gesamten Versuchsaufbau hervorgebracht sein soll. Es könnte der Eindruck entstehen, dass es sich hierbei um einen holistischen Zug der QM handele, eine holistische Deutung der experimentellen Befunde zur Bellschen Ungleichung wird jedoch von Popper abgelehnt. Bei Poppers Deutung der QM wird man an wichtigen Stellen zu sehr im Unklaren gelassen: Ist die Propensitätseigenschaft des gesamten Versuchaufbaus ein holistischer Zug bzw. kommt Poppers Deutung an dieser Stelle wirklich ohne Fernwirkung aus? Die Art der Entstehung des Feldes wird von Popper nicht näher erläutert. Die Bedeutung der Experimentalanordnung für die Bildung der Propensitäten wird besonders zweifelhaft, wenn man an frühere evolutionäre Zustände denkt, etwa an Zeiten unmittelbar nach dem Urknall, als es nur Elementarteilchen und keine Makroobjekte, z.B. keine Experimentalanordnungen gab. Popper selbst behauptet zumindest nicht, dass auch unsere Raumzeitvorstellungen korrigiert werden müssen.

Wird das Propensitätenfeld vom Versuchsaufbau hervorgebracht, so müsste es auch eine quantitative Beziehung geben. Etwas seltsam ist, dass man z.B. den Ort eines Objektes mit verschiedenen Messgeräten bestimmen kann, dass aber die Wahrscheinlichkeitsverteilung für die Ortsmessung bei allen Experimentalanordnungen die gleiche ist.

d) Ebenso übergangen werden andere Probleme: die Komplexität des Hilbertraumes, die Anzahl seiner Dimensionen, die Deutung des Spins, und es ist nicht zu verstehen, warum die Energieniveaus des Atoms diskret sind und wie die Übergänge erfolgen. Ferner konnte Popper bislang nicht überzeugend zeigen, dass man Ort und Impuls eines einzelnen Objektes gleichzeitig exakt bestimmen kann.

e) Bei seiner Verteidigung der Lokalität der QM gegenüber den Experimenten zur Bellschen Ungleichung bezieht sich Popper auf die theoretischen Untersuchungen über verborgene Parameter von Marshall, Santos und Selleri, auf deren Problematiken wir schon eingegangen sind (s. S. 92f). Wenn aber Popper auf unbekannte Parameter angewiesen ist, so sind in diesem Zusammenhang die Untersuchungen von Gleason (1957) und Kochen und Specker (1967) wichtig. Wie in Abschnitt 3.5 (S. 66) erwähnt wurde, zeigen diese Arbeiten, dass der klassische Realismus mit dem Formalismus der QM nicht zu vereinbaren ist. Haben die Variablen zu jeder Zeit bestimmte Werte, wie Popper annimmt, so enthüllen die Messgeräte aufgrund von Störeinflüssen diese Werte in der Regel nicht. Für Orts- und Impulsmessungen wird dieses jedoch von Popper behauptet. – Für Spinmessungen wird der Störeinfluss von Popper zugegeben, für Orts- und Impulsmessungen bestritten; diese Unterscheidung wird aber nicht theoretisch begründet und ist völlig ad hoc.

5.4 Mario Bunge

Die physikalischen Referenten der Schrödinger-Gleichung sind Objekte, die Bunge (1985a,b) Quantonen nennt, und ihre Umwelt. Repräsentiert werden die Quantone durch einen Vektor im Hilbertraum, und so wie man den normalen Raum außer in kartesischen auch in anderen Koordinaten, z.B. in Kugel- oder Zylinderkoordinaten, beschreiben kann, so gibt es im Hilbertraum die verschiedenen Darstellungen. Die verschiedenen Darstellungen repräsentieren also nicht Objekte mit verschiedenen Eigenschaften, sondern sind nur unterschiedliche „Hilfsgitter" zur Beschreibung des Objektes. Nach dem Superpositionsprinzip befinden sich Quantone im Allgemeinen in einer Linearkombination von Eigenzuständen. Deshalb haben im Allgemeinen physikalische Eigenschaften keine scharfen Werte, sondern einen ganzen Wertebereich, und jeder Wert einer Eigenschaft A kommt in diesem Bereich mit dem Gewicht $|c_k|^2$ vor. Wenn $|c_k|$ im Ausnahmefall eine scharfe Spitze hat, dann hat die betreffende Eigenschaft wie im klassischen Fall einen scharfen Wert. Im Normalfall haben aber Quantone z.B. keinen präzisen Ort. Dynamische Variable sind verschwommen, zerstreut, unklar („blurred", „scattered", „fuzzy"). Quantone sind charakteristischerweise objektiv verschmiert.

Dem Paradox der Schrödinger-Katze entgeht Bunge dadurch, dass es sich bei dem lebendigen und dem toten Zustand um Zustände eines Makrosystems handelt, die nicht der Schrödinger-Gleichung gehorchen würden. Bunge unterscheidet zwischen den Klassonen der klassischen Physik, den Quantonen der Quantenphysik und den Semiquantonen, welche Theorien benötigen, die klassische und Quantenbegriffe enthalten. Klassone und Semiklassone sind aufgebaut aus Quantonen. Die Unterscheidung zwischen Quantonen und Klassonen ist aber nicht gleichzusetzen mit der Unterscheidung zwischen Mikro- und Makroobjekten. Makroobjekte können durchaus Quantonen sein. Klassone sind Objekte mit präzisen geometrischen Eigenschaften und mit Größen, die scharfe Werte besitzen. Als Beispiel für Klassonen gibt Bunge Staubteilchen an, für Semiquantonen Biomoleküle und für makrophysikalische Quantonen Neutronensterne (Bunge, 1985a, 166). Die klassische Physik unterscheidet sich von der Quantenphysik dadurch, dass sie Begriffe enthält, die in den Grundgleichungen der Quantenphysik nicht vorkommen, z.B. Form, Elastizität und Viskosität.

Die Heisenbergschen Ungleichungen machen objektive Aussagen über die Verschmiertheit der Variablen. Sie beschreiben objektive, nicht-klassische Eigenschaften von Quantonen. Die Orts-Impuls-Ungleichung besagt, dass die Standardabweichung der Ortsverteilung umgekehrt proportional zur Standardabweichung der Impulsverteilung ist. Und dies gilt unabhängig von Messungen überall in der Natur. Die Ungleichungen sind probabilistisch und widerlegen den klassischen Determinismus. Außerdem zeigen sie Bunge, dass Quantone keine Punktteilchen sind. Quantone haben deshalb keine präzise Bahn, sondern eine Mittelwertsbahn. Variable mit nicht-kommutierenden Operatoren können in der Messung nicht gleichzeitig scharfe Werte haben, weil sie wegen der Heisenbergschen Relationen objektiv nicht gleichzeitig scharfe Werte besitzen können. Die Bornsche Wahrscheinlichkeitsdeutung der Wellenfunktion bezieht sich nicht auf Messungen, sondern drückt eine objektive Eigenschaft aus. Die Wahrscheinlichkeit drückt eine Tendenzstärke oder Propensität aus und ist eine Eigenschaft eines Objektes in seiner Umwelt: „Let Ψ_a be a solution of the Schrödinger equation for a quanton a. Then the probability that a be at time t in the region of space comprised between x and $x + \Delta x$ equals $|\Psi_a(x, t)|^2 \cdot \Delta x$ " (Bunge, 1985a, 178).[30]

---

[30] „Sei Ψ_a eine Lösung der Schrödinger-Gleichung für ein Quanton a. Dann ist die Wahrscheinlichkeit, dass a zur Zeit t in der räumlichen Region, die zwischen x und $x + \Delta x$ eingeschlossen liegt, gleich $|\Psi_a(x, t)|^2 \cdot \Delta x$."

Quantone sind weder Wellen noch Teilchen, obwohl sie in einigen Fällen teilchenartige und in anderen Fällen wellenartige Eigenschaften besitzen: Photonen transportieren Energiequanten und Elektronen können gebeugt werden. Ein Quanton erscheint als Teilchen, wenn es mit einem anderen Quanton zusammentrifft, und es erscheint als Welle, wenn es an einem Kristallgitter gebeugt wird. Der Zustand eines Quantons ist extrem empfindlich gegenüber Veränderungen der Umwelt, die dessen Teilchen- oder Wellenaspekt steigern kann. Die Wahrheit über die Quantonen wird aber von der Quantentheorie vermittelt und nicht durch teilweise klassische Analogien. Der Wellenaspekt, der sich im Doppelspaltversuch zeigt, ist eine emergente Eigenschaft von Aggregaten von Quantonen, die das einzelne Quanton nicht besitzt. Und die Reduktion der Wellenfunktion gehorcht der Schrödinger-Gleichung und ist ein Ergebnis der Interaktion von Mikro- und Makrosystem und kommt somit nicht nur im Messlabor, sondern überall in der Natur vor. Bunge bezieht sich dabei auf theoretische Untersuchungen von Cini (1983, 1985), in denen für Beispiele die Reduktion gezeigt wird.

Zwei Quantone bilden nach einer Wechselwirkung ein nicht-separierbares System, das erst wieder zerlegt wird, wenn eines der Teilsysteme durch eine erneute Wechselwirkung in einem anderen System integriert wird.

Ich komme nun zu den Schwierigkeiten der Bungeschen Deutung:

a) Eine anerkennenswerte Eigenschaft Bunges ist seine Bereitschaft, nicht-klassische Begriffe zu verwenden. Um jedoch nicht nur leere Worte zu sein, müssen diese Begriffe auch wirklich einen begrifflichen, verstehbaren Sinn ergeben. Gerade bei Bunges zentralen Begriffen ist die Bedeutung oft nicht auszumachen.

Der wichtigste Begriff seiner Deutung ist die „Fuzziness". Dynamische Variable haben im Allgemeinen keinen scharfen Wert, sondern sind verschwommen oder verschmiert. Was ist damit gemeint? Ist damit gemeint, dass das Quanton die vielen Werte, die durch die Eigenzustände einer Superposition repräsentiert werden, gleichzeitig besitzt? Um auf das in Abschnitt 3.5 (s. S. 62) erwähnte Paradox von de Broglie zurückzukommen: Ist das Elektron tatsächlich gleichzeitig in Paris und Tokio?

Wenn in dem Gedankenexperiment von de Broglie eine Beobachtung durchgeführt wird und das Elektron in Paris gefunden wird, so verschwinden die Werte in Tokio. Dies erscheint noch merkwürdiger, wenn man nach anderen Eigenschaften, z.B. nach Masse und Ladung fragt. Vor der Beobachtung in Paris müssten Masse und Ladung des Elektrons gleichermaßen in Paris und in Tokio sein, nach der Beobachtung wären sie vollständig in Paris. Auf welche Weise der Ortswechsel erfolgt, ist unverständlich. Während der Reduktion des Wellenpaketes werden die Ortswerte zwischen Tokio und Paris nicht durchlaufen; die Bewegung müsste auch mit Überlichtgeschwindigkeit erfolgen. Andererseits behauptet Bunge nicht, dass man die raumzeitliche Beschreibung von Quantonen aufgeben müsse.

Es ist anzunehmen, dass Bunge seine Interpretation nicht in diesem Sinne meint, denn er spricht von Propensitäten, welche die Tendenz angeben, die jeweiligen Werte anzunehmen. Das kann Bunge jedoch nicht so meinen, dass das Objekt mit einer bestimmten Wahrscheinlichkeit einen bestimmten Wert annimmt, diesen dann beibehält und wir nur noch nicht wissen, welcher Wert es ist, denn dann wäre das Quanton nicht objektiv fuzzy. Vielleicht ist es so gemeint, dass sich die Werte des Objektes spontan ständig ändern. Man steht dann aber wieder den gleichen Problemen gegenüber, wie es soeben anhand des Paradoxes von de Broglie erläutert wurde. Eigenschaften wie Masse und Ladung müssten ständig ihren Ort wechseln. Die Wahrscheinlichkeitstheorie deutet Bunge objektiv: „a probability may be interpreted as the quantitation of a potentiality yet to be actualized" (Bunge, 1985a, 94).[31] Im Sinne Heisenbergs scheint er jedoch die Wahrscheinlichkeiten nicht als aristotelische Potentialitäten zu deuten, denn dann hätten Quantone keine unscharfen Werte, da die Werte in der Aktualisierung scharf wären, in der Potentialisierung hingegen noch gar nicht existierten. (So wie eine Fensterscheibe, die die Disposition der Zerbrechlichkeit besitzt, noch nicht zerbrochen ist.) Die Disposition eines Objektes, einen Ortswert annehmen zu können, würde auch beinhalten, dass dieser Potentia-Zustand des Quantons nicht räumlich beschreibbar wäre, was

---

[31] „eine Wahrscheinlichkeit mag interpretiert werden als eine Quantifizierung einer Potentialität, die noch aktualisiert werden kann"

Heisenberg tatsächlich annimmt, was Bunge jedoch nicht behauptet. Vollends suspekt wird der Begriff der Fuzziness, wenn Bunge ihn in der Quantenfeldtheorie (QFT) benutzt (1985a, 185). In der QFT sind auch die Anzahl der Feldquanten und die Phase unscharf, und Quantone sind Superpositionen von Teilchen- und Wellenzuständen.

Im Zusammenhang mit der Fuzziness müsste auch der Begriff der Mittelwertsbahn expliziert werden. Ein weiterer Begriff, der nicht genügend erläutert wird, ist die Nicht-Separabilität. Was ist darunter zu verstehen, dass zwei Protonen nach einer Wechselwirkung ein System bilden, obwohl ihre Ortswerte weit voneinander entfernt liegen? Es müsste angegeben werden, welcher Art die Verbindung zwischen den Protonen ist.

b) Dem Paradox der Schrödinger-Katze begegnet Bunge dadurch, dass Katzen Makrosysteme seien, die nicht der Schrödinger-Gleichung gehorchten. Die Notwendigkeit für die Unterscheidung von Quantonen und Klassonen und für eine Anwendungsgrenze der QM begründet Bunge nicht näher, und man hat den Eindruck, dass es sich um eine ad hoc Unterscheidung handelt, um dem Paradox der Schrödinger-Katze zu entgehen. Bunge gibt außerdem keine genauen Abgrenzungskriterien dafür an, wann ein Objekt ein Quanton, ein Klasson oder ein Semiquanton sei. Jedoch sind auch viele Biologen der Meinung, dass die heutige Physik biologische Prozesse nicht vollständig erklären könne; die Existenz von Bewusstseinszuständen in Abhängigkeit von Hirnzuständen und die Funktionalität biologischer Abläufe lassen wohl kaum einen anderen Schluss zu. Tatsächlich nahmen auch mehrere Begründer der QM an, dass für die Biologie eine neue Theorie gefunden werden müsse (z.B. Heisenberg, 1990).

c) Als Lösung des Problems der Reduktion des Wellenpaketes führt Bunge die Arbeiten von Cini (1983, 1985) an. Cini behandelt Beispiele, bei denen die Reduktion durch die Wechselwirkung mit dem Messgerät gemäß der Schrödinger-Gleichung erfolgt. Es gelingt ihm jedoch nicht, das Reduktionsproblem allgemeingültig zu lösen. Insbesondere kann Cinis Ansatz nicht das Reduktionsproblem lösen, wie es sich in dem Gedankenexperiment von Renninger stellt, bei dem es zur Reduktion ohne eine Wechselwirkung mit einem Messgerät kommt (s. S. 54f).

115

d) Der Wellenaspekt, der sich im Doppelspaltversuch zeigt, sei eine emergente Eigenschaft von Aggregaten von Quantonen, die das einzelne Quanton nicht besitze. Dieser Auffassung ist entgegenzuhalten, dass die Interferenzstreifen auf der Fotoplatte auch dann entstehen, wenn die Lichtquelle so gering gehalten wird, dass die Photonen einzeln ausgestrahlt werden. Es handelt sich also nicht um eine ontologische Emergenz, sondern um eine epistemische, d.h. man erkennt die Welleneigenschaft erst, wenn man viele Photonen betrachtet, sie ist aber eine Eigenschaft eines einzelnen Photons. Es ist zumindest nicht verstehbar, wie zeitlich aufeinanderfolgende Objekte als Aggregat emergente Eigenschaften hervorbringen können.

e) Wie bei vielen anderen realistischen Interpretationsversuchen bleibt auch in der Bungeschen Interpretation der Spin ein Rätsel.

6. Realismus trotz Quantenmechanik?

In diesem Kapitel soll auf die im 1. Kapitel aufgeworfene Frage zurückgekommen werden, ob es trotz der QM möglich ist, eine realistische Position einzunehmen. Diese Frage stellt sich nun hinsichtlich eines ontologischen und hinsichtlich eines erkenntnistheoretischen Realismus. Wie die vorangehenden Diskussionen gezeigt haben, ist es bislang nicht gelungen, den Formalismus der QM in einer für alle Realisten befriedigenden Weise zu interpretieren; auf Heisenbergs realistische Deutungsansätze werde ich in diesem Kapitel noch einmal eingehen. Nicht alle der im vorigen Kapitel angeführten Probleme der realistischen Deutungen sind so gravierend, dass die jeweilige Deutung deshalb aufgegeben werden müsse. Aber jede der Deutungen hat doch einige Schwierigkeiten, an denen sie scheitert. Naheliegend wäre deshalb zunächst der Instrumentalismus, wodurch zwar der erkenntnistheoretische (Theorien-) Realismus aufgegeben würde, dafür aber der ontologische Realismus nicht in Gefahr käme. Wie im 2. Kapitel ausgeführt wurde, soll im Rahmen dieser Arbeit davon ausgegangen werden, dass der Erfolg von Theorien bei der Vorhersage von neuen Fakten als Indiz dafür betrachtet werden kann, dass solche Theorien Strukturen der Wirklichkeit treffen. Gegen dieses Indiz gibt es aus der QM keine direkten Argumente, so dass der instrumentalistische Standpunkt hier weiterhin nicht vertreten werden soll. Wenn auch die QM bisher nicht befriedigend realistisch gedeutet werden konnte, so bedeutet dies ja nicht, dass eine realistische Deutung prinzipiell unmöglich ist. Es ist heuristisch wertvoller, sich zu überlegen, was man vielleicht gerade wegen der bisher gescheiterten Deutungsversuche über die Realität vermuten kann. Im Gegensatz zum instrumentalistischen Standpunkt könnte das auf die zukünftige Theorienkonstruktion eine stimulierende Wirkung ausüben.

Insbesondere mit dem in Abschnitt 3.2.3 erwähnten und von Wigner angeführten streng empiristischen Formalismus (s. S. 42), in dem es weder Zustandsvektor noch Bewegungsgleichung gibt, ist natürlich Wigners Deutung vereinbar, wonach die QM nur über Beobachtungen spricht. Es soll nun kurz überlegt werden, was aus Wigners Deutung gefolgert werden kann. Wie im 2. Kapitel ausgeführt wurde, gibt es starke Argumente dafür, dass auch außerhalb des Bewusstseins etwas existiert, so dass, wenn Wigners Deutung richtig wäre, die QM eben nicht über die ganze Wirklichkeit sprechen würde. Der von der QM nicht berücksichtigte Teil der Wirklichkeit könnte dabei das Unterbewusstsein des erkennenden Subjektes oder eine reale Welt sein, und gemäß der Diskussion im 2. Kapitel ist es sinnvoll, als Ausgangshypothese eine reale Welt anzunehmen. Falls auch die QM nur über Beobachtungen sprechen sollte, so ist damit die Annahme der Existenz einer realen Welt noch nicht widerlegt, und auch Wigner hält an dieser Annahme fest. Interessant ist die Frage nach dem wissenschaftstheoretischen Status des ontologischen Realismus. Wissenschaftstheoretiker der Popperschen Schule werden sich fragen, ob diese Annahme überhaupt widerlegbar und ob sie also sinnvoll ist. Eine kritische Berücksichtigung der unterschiedlichen wissenschaftstheoretischen Schulen würde jedoch den Rahmen dieser Arbeit übersteigen. Falls wir prinzipiell keine objektiven Aussagen über die Welt machen könnten, wäre dieser Standpunkt tatsächlich schwer zu widerlegen. Im anderen Falle wäre eine Zurückweisung des ontologischen Realismus denkbar. Dieses wäre z.B. der Fall, wenn man die raumzeitliche Trennung der Objekte aufgäbe, so dass die Welt und das erkennende Subjekt eine Einheit wären, falls die Psyche eine Eigenschaft der Materie, des Gehirns, wäre. Dieses soll hier aber nicht weiter diskutiert werden; hervorgehoben werden soll hier lediglich, dass die QM die Leugnung des ontologischen Realismus nicht erzwingt und dass sie für die Naturwissenschaft eine nützliche Heuristik ist. Die Behauptung, unfalsifizierbare Thesen seien immer unwissenschaftlich, ist außerdem selbst diskutierbar. Betont werden muss, dass philosophische Wissenschaftstheoretiker zwar über Wissenschaft sprechen, aber ihre Thesen über das Wissenschaftsverhalten selbst keine wissenschaftlichen Theorien in dem Sinne sind, dass sie experimentell testbar wären. Und die methodologischen Richtlinien der Wissenschaftstheoretiker sollten in der wissenschaftlichen Forschung nützlich sein, was die Forderung der Suche nach Realstrukturen zweifellos ist.

Wäre die heutige QM tatsächlich nicht realistisch deutbar, dann wäre sie nach der Vollständigkeitsbedingung von Einstein, Podolsky und Rosen (Abschnitt 3.5, S. 63) unvollständig; d.h. es gäbe physikalische Entitäten, die nicht von der QM behandelt würden. Damit gelangt man wieder in die Diskussion um die verborgenen Parameter. Den Einwänden, denen man bei der Annahme von verborgenen Parametern im bisher üblichen Sinne gegenübersteht, kann man vielleicht entgehen, indem man zu einer völlig anderen Realitätsauffassung übergeht. Wie insbesondere Abschnitt 3.1 gezeigt hat, hängen viele Probleme der QM mit der Raumzeit zusammen. Heisenberg vertrat wiederholt die These, dass die Vorgänge nicht raumzeitlich beschrieben werden können. Müssen wir unsere Vorstellungen von Raum und Zeit ändern, vielleicht sogar die Raumzeit aufgeben? Es wird allgemein als notwendig betrachtet, eine Theorie der Quantengravitation zu formulieren. Wie immer auch diese Theorie aussehen wird, man kann wohl annehmen, dass sie unsere Vorstellungen von Raum und Zeit abermals stark beeinflussen wird. John Wheeler stellte die Behauptung auf: *„there is no such thing as spacetime in the real world of quantum physics*. Spacetime is a classical concept. It is incompatible with the quantum principle" Wheeler, 1973, 227).[32] In diesem Zusammenhang könnte auch der Begriff der Nicht-Separabilität eine befriedigende Deutung ergeben. Die beiden Protonen in der EPR-Situation wären dann deshalb untrennbar, weil es überhaupt keine räumliche Trennung gäbe. Ein anderer Vorschlag ist, die Raumzeit als eine emergente, als eine Kollektiv-Eigenschaft aufzufassen, die aus einer tieferen und raumzeitlosen Ebene

---

[32] *„so etwas wie die Raumzeit gibt es nicht in der realen Welt der Quantenphysik.* Raumzeit ist ein klassischer Begriff. Er ist nicht vereinbar mit dem Quantenprinzip."

entsteht (Büchel, 1965, 388f; Kanitscheider, 1986, 145). Eine Quantisierung der Raumzeit, eine quantenmechanische Gravitationstheorie, könnte dazu führen, dass angenommen werden muss, dass die Raumzeit aus einer tieferen Ebene entsteht. Die Emergenz der Raumzeit kann man sich vielleicht ähnlich vorstellen wie die Emergenz des phänomenalen Raumes des Wahrnehmungsbewusstseins, was ja ebenfalls schwer zu verstehen ist, aber tatsächlich irgendwie passiert. Es gibt bereits mehrere Theorienansätze, die Raumzeit aus einer tieferen Ebene heraus zu erklären. So hatte beispielsweise Penrose (1971, 1975) mit seinem Twistor-Ansatz ursprünglich die Absicht gehabt, geometrische Eigenschaften aus tiefer liegenderen Strukturen, sogenannten Twistoren, abzuleiten; und Wheeler hatte die Idee einer Prägeometrie, wonach geometrische Relationen aus logischen Begriffen abgeleitet werden sollten (Misner, Thorne, Wheeler, 1973, Kap. 44; Kanitscheider, 1987a). In der Theorie von Burkhard Heim ist die Raumzeit nur ein Unterraum einer sechs- oder gar zwölfdimensionalen Welt (Heim, 1983, 1989; Heim, Dröscher, 1985; Dröscher, Heim, 1996), und Schmutzer (1996) vermutet, dass die vierdimensionale Raumzeit die Projektion aus einer Fünfdimensionalität sei.

Interessant ist, dass es nicht nur in der QM, sondern auch in der Allgemeinen Relativitätstheorie, z.B. im Zusammenhang mit den Singularitäten, Probleme mit der Raumzeit gibt: „Die Singularität ist nicht einfach irgendein außerordentlicher Punkt der Mannigfaltigkeit, wo eine besonders extreme Physik herrscht. Sie ist im mathematischen Sinne ein "Punkt", der überhaupt nicht zur Mannigfaltigkeit, also überhaupt nicht zur Raumzeit gehört" (Kanitscheider, 1986, 132). Und in der Speziellen Relativitätstheorie stößt man auf Schwierigkeiten mit der Zeitrichtung, wenn man Tachyonen zulässt. Hält man nur das für objektiv, was bezugssystemunabhängig gilt, so könnte man der Richtung der Zeit keine Objektivität zuschreiben, da es Bezugssysteme gibt, in denen sich Tachyonen in die Vergangenheit bewegen. Die Existenz von Tachyonen konnte allerdings bislang nicht nachgewiesen werden, und es ist u.a. unklar, was eine imaginäre Masse, die Tachyonen besitzen würden, sein soll. Unabhängig von der Tachyonenproblematik gibt es aber auch in der Elementarteilchenphysik (in der relativistischen QM) Prozesse, die von manchen Autoren so gedeutet werden, dass die Teilchen von

der Zukunft kommend in die Vergangenheit laufen (s. Feynman, 1992)
– was soll man sich aber darunter realistisch vorstellen ?

Hinsichtlich der Realismusproblematik stellen sich nun zwei Fragen:
Kann etwas existieren, was nicht raumzeitlich ist? Anders formuliert:
Kann etwas existieren, ohne an einem Ort zu sein? Die zweite Frage
betrifft den erkenntnistheoretischen Realismus: Kann man etwas erkennen bzw. etwas verstehen, was nicht raumzeitlich ist? Oder sind wir mit
unseren Denkstrukturen auf raumzeitliche Strukturen beschränkt? Die
erste Frage kann nicht durch philosophische Apriori-Überlegungen ver-
neint werden. Vielmehr müsste diese Frage positiv beantwortet werden,
wenn es den Physikern gelänge, die Welt in einer neuen Theorie zumindest teilweise (und auf explizitere Weise als dies vielleicht schon in der
QM der Fall ist) raumzeitlos zu beschreiben. Schon bei den heutigen
Theorien der Physik stellt sich aber die Frage, ob wir in der Lage sind,
die mathematischen Formalismen zu verstehen, umso mehr also bei
raumzeitlosen Konzeptionen. Da sind wir bei unserer zweiten Frage.
Auch die zweite Frage lässt sich nicht apriori beantworten. Inwieweit
unsere Denkstrukturen auf raumzeitliche Vorgänge festgelegt sind,
muss von der Psychologie untersucht werden. Von ihr ist die Frage zu
beantworten, was es für Arten von „Verstehen" gibt, um dann der Wissenschaftstheorie zu überlassen, in welchem Fall man noch von einem
wissenschaftlichen Verstehen sprechen kann. Denkbar ist aber, dass
man zur Raumzeit einmal eine ähnliche Einstellung haben wird, wie
man sie heute zu den Farben hat. Weitgehend wird angenommen, dass
die Farbqualitäten, wie wir sie in der Wahrnehmung erleben, keine Eigenschaften der Objekte selbst sind, sondern dass diese Qualitäten nur
unsere psychischen Wahrnehmungsqualitäten sind, welchen (in der
klassischen Physik und vereinfacht ausgedrückt) elektromagnetischen
Wellenlängen zugeordnet sind. Unter Umständen ist auch unsere
Raumzeit-Vorstellung Realstrukturen zugeordnet, die selbst nicht
raumzeitlich sind. Ebenso wie man in der Mathematik kompliziertere
Zahlenverhältnisse graphisch veranschaulichen kann, ist die raumzeitliche Struktur unserer Wahrnehmungswelt vielleicht nur die psychische
graphische Darstellung einer komplizierteren und sonst nur noch ab-
strakt-mathematisch erfassbaren Welt.

Zusammenfassend ist also über den ontologischen Realismus festzustellen, dass es überzeugende Argumente dafür gibt, dass außerhalb unseres Bewusstseins etwas existiert und dass die QM die Leugnung der Existenz einer realen Welt nicht erzwingt. Problematischer ist die Frage nach dem erkenntnistheoretischen Realismus, also die Frage, ob wir heute schon Realstrukturen erkennen, worauf jetzt noch einmal genauer eingegangen werden soll. Da es keine allgemein akzeptierte befriedigende Deutung der QM gibt, lässt sich die Behauptung der objektiven Erkenntnis von Realstrukturen zurzeit nicht zwingend vertreten: Kann man nicht allgemein überzeugend sagen, wie die Welt beschaffen ist, so kann man auch nicht überzeugend behaupten, man erkenne sie. Man mag versucht sein, den Problemen der QM aus dem Weg zu gehen, indem man einen instrumentalistischen Standpunkt einnimmt. Wenn es aber zurzeit vielleicht keine zwingenden Argumente gegen den Instrumentalismus gibt, so gibt es auch keine zwingenden Argumente zu seinem Gunsten, so dass allein die Existenz der QM auch unsere Wahrnehmungserkenntnis in Zweifel zieht. Die Erschaffung der Objekte unserer Wahrnehmung im Akt der Beobachtung ließe sich folgendermaßen plausibel machen: Unsere Wahrnehmung gibt kein Spiegelbild der Realität; vielmehr wird die Information, die von der Realität in unseren Erkenntnisapparat gelangt, transformiert und diese Transformation in die Form unserer Wahrnehmungsobjekte vollzieht sich im Akt der Beobachtung. (Aus der Hirnforschung ist bekannt, dass die von den Sinnesorganen aufgenommene Information im Gehirn mehrfach transformiert wird, so dass angezweifelt werden kann, dass trotzdem eine spiegelbildliche Repräsentation der Außenwelt entsteht.) Da bei einer Transformation in der Regel einige Strukturen unverändert bleiben, die Invarianten, ist zu vermuten, dass unsere Wahrnehmungswelt trotzdem einige Realstrukturen wiedergibt, und die Frage ist, welche das sind. Wegen der QM muss allerdings zusätzlich angenommen werden (z.B. wegen der Unschärferelation), dass der ursprüngliche Zustand nicht bloß in transformierter Form erlebt wird; er wird auch verändert, denn durch eine Beobachtung werden die zukünftigen Beobachtungswahrscheinlichkeiten verändert.

Als im 2. Kapitel von einem allgemeineren Standpunkt aus die Frage besprochen wurde, ob wir mittels Theorien zumindest teilweise Realstrukturen erkennen können, wurde großes Gewicht gelegt auf eine intertheoretisch vergleichende Betrachtungsweise. Gibt es zu einem Anwendungsbereich mehrere Formalismen und werden diese von der empirischen Befundlage alle gleichermaßen gestützt, so sind für die realistische Deutung die Gemeinsamkeiten der Formalismen heranzuziehen. Selbst wenn also einem der bisher angeführten Interpreten eine akzeptable Deutung eines Formalismus der QM gelungen wäre, wäre Skepsis angebracht, ob es sich dabei tatsächlich um Realstrukturen handeln würde. (Außerdem müssten die Gemeinsamkeiten der Formalismen der *relativistischen* QM benutzt werden.)

Die Gemeinsamkeiten der Formalismen der QM sind noch nicht genügend erforscht. Betrachtet man aber nur einmal das Schrödinger-, das Heisenberg- und das Wechselwirkungsbild, so ist festzustellen, dass sich beim Übergang von einem Bild zu einem anderen die Observablen in Observable mit demselben Eigenwertspektrum und die Eigenvektoren in Eigenvektoren transformieren und dass die algebraischen und die Konjugationsbeziehungen und schließlich die Skalarprodukte sich nicht ändern. In allen drei Bildern kommt es in der Beobachtung zu einer diskontinuierlichen Änderung, die nicht durch die Bewegungsgleichung beschrieben werden kann.

Gemeinsamkeiten aller Formalismen sind die algebraischen Symmetrien, welchen heutzutage eine größere Bedeutung zukommt als früher (Genz, 1992; Stöckler, 1997). Man versucht jetzt, die Naturgesetze aus Symmetrien abzuleiten, und nicht mehr wie im 19. Jahrhundert die Symmetrieprinzipien aus den Naturgesetzen. In der Physik besteht eine enge Beziehung zwischen Symmetrieprinzipien und Erhaltungsgesetzen. Allgemein spricht man von einer Symmetrie, wenn ein Objekt bzw. ein physikalisches System einer bestimmten Transformation (z.B. einer Drehung) unterworfen werden kann und es danach dieselbe Gestalt hat bzw. auf dieselben Resultate führt wie zuvor. Zu einer Symmetrie gehören also Transformationen und Invarianten. „Ein Beispiel dafür ist die Ladungs-Symmetrie. Man stelle sich ein Muster aus geladenen Teilchen vor, in dem man die Kräfte mißt, die zwischen je zwei Teilchen wirken. Kehrt man dann die Vorzeichen aller Teilchen-Ladungen um, so ändern sich die Kräfte zwischen den Teilchen nicht" ('t Hooft, 1980, 94).

Symmetrien als Realstrukturen zu deuten, ist zunächst sehr unplausibel. Zu bedenken ist jedoch, dass Plausibilitätsüberlegungen relativ zu einem Hintergrundwissen oder in diesem Fall zu einem Weltbild erfolgen. Innerhalb des demokritschen Weltbildes können Symmetrien keine Realstrukturen sein. Angesichts der heutigen Probleme, die QM realistisch zu deuten, ist man heute jedoch von einem allgemein akzeptierten Weltbild weit entfernt.

In seinem Aufsatz von 1976, „Was ist ein Elementarteilchen?", deutet Heisenberg Symmetrien realistisch und bezieht sich dabei auf die Naturphilosophie Platons.[33] Nach Platon besitzen mathematische Strukturen entsprechend der üblichen Auslegung seiner Philosophie nicht bloß eine begriffliche, sondern eine konkrete Existenzweise. Heisenberg interpretiert Platon folgendermaßen: „Bei dem Versuch, immer weiter zu teilen, stößt man nach Platos Meinung schließlich auf mathematische Formen: die regulären Körper der Stereometrie, die durch ihre Symmetrie-Eigenschaften definiert werden können, und die Dreiecke, aus denen man sie zusammensetzen kann. Diese Formen sind nicht selbst Materie, aber sie gestalten die Materie. Dem Element Erde z.B. liegt die Gestalt des Kubus zugrunde, dem Element Feuer die Gestalt des Tetraeders" (Heisenberg, 1976, 4). Die Frage nach der Natur der Elementarteilchen beantwortet Heisenberg wie folgt: „Wenn man die Erkenntnisse der heutigen Teilchenphysik mit irgendeiner früheren Philosophie vergleichen will, so könnte es nur die Philosophie Platos sein; denn die

---

[33] Heisenberg spricht hier allerdings nicht von „Realstrukturen", da er „real" anders definiert als wir im 1. Kapitel. In der Fachterminologie der Philosophie wird nämlich die platonische Existenzform der Mathematik oft auch als eine „ideale" bezeichnet, während man den in Raum und Zeit beobachtbaren Wirklichkeitsbereich als die Realität abgrenzt. In diesem Sinn beschränkt Heisenberg die »objektiv-reale Wirklichkeit« „auf den Bereich des vom Menschen anschaulich in Raum und Zeit Beschreibbaren" (Heisenberg, 1986, 154). Ob man nun aber bei beiden Seinsbereichen von der „Realität" spricht oder nur bei der einen Existenzform von „Realität" und bei der anderen von „Idealität", ändert nichts an dem damit Ausgesagten der tatsächlichen Existenz. Wenn jedoch Antirealisten die Realität von etwas leugnen, so meinen sie es manchmal in diesem idealen Sinne, so dass man immer deren Realitätsdefinition beachten muss (s. z.B. das Weizsäcker-Zitat auf S. 22; C. F. von Weizsäcker war Heisenbergs Schüler).

Teilchen der heutigen Physik sind Darstellungen von Symmetriegruppen, so lehrt es die Quantentheorie, und sie gleichen insofern den symmetrischen Körpern der platonischen Lehre" (ebd. S. 5). In einer anderen Arbeit drückt Heisenberg es so aus: „›Am Anfang war die Symmetrie‹, das ist sicher richtiger als die Demokritsche These ›Am Anfang war das Teilchen‹. Die Elementarteilchen verkörpern die Symmetrien, sie sind ihre einfachsten Darstellungen, aber sie sind erst eine Folge der Symmetrien" (Heisenberg, 1985, 280).

Während die Elementarteilchen sich ineinander umwandeln, entstehen und vergehen, sind die Symmetrien das Bleibende im Wechsel der Erscheinungen und übernehmen damit eine ähnliche Rolle wie die Atome im klassischen Mechanismus. Von Wigner (1967) stammt die Idee, Symmetrieforderungen als Metagesetze aufzufassen; sie geben Regularitäten zwischen Gesetzen wieder (z.B.: Alle Gesetze sollen lorentzinvariant sein!).

Die Bedeutung der Symmetrien in der Elementarteilchenphysik liegt insbesondere in ihrem heuristischen Potential; sie helfen, neue Theorien zu entdecken. Benutzt man den Erfolg von Theorien bei der Vorhersage neuer Fakten als Argument dafür, dass sie Realstrukturen entsprechen, so liegt es nahe, den Erfolg von Symmetrieannahmen für die Konstruktion von neuen Theorien, aus denen neue Elementarteilchen vorhergesagt werden, als Argument für die Realität von Symmetrien zu benutzen. Deutet man Symmetrien im Sinne der platonischen Ideen, dann steht man jedoch bei den Symmetrien den gleichen Problemen gegenüber wie bei Platons Ideen, die bei Platon auf zunächst schwer verstehbare Weise reale Entitäten sein sollen (s. Hirschberger, 1981). Der Begriff der Idee ist zu präzisieren, wofür es zunächst vier Kandidaten gibt: die Idee als Begriff, als Aussage, als Norm oder als Wertung (Vollmer, 1985, 7f). In keinem der Fälle gelingt es, Ideen als Realstrukturen ontologisch zu deuten. Es ist jedoch zu bedenken, dass die Sprache ständigen Wandlungen unterliegt und dass diese Wandlungen auch in Abhängigkeit vom jeweiligen Faktenwissen und Weltbild stehen. Es ist deshalb nicht auszuschließen, dass der Begriff der Idee in Zukunft eine Wandlung in Richtung einer realen Bedeutung vollziehen kann. Bislang hat man hingegen noch große Schwierigkeiten zu verstehen, was Platon meinte, weshalb seine Philosophie und auch Heisenberg mit seiner Deutung der Elementarteilchen nur wenige Anhänger besitzen.

Um die Deutung der Symmetrien als Realstrukturen plausibler zu machen, soll nun kurz ein Weltbild skizziert werden, relativ zu dem ein Verständnis der platonischen Ideen und der QM möglich wird. Vergleicht man die Welt mit einem Computer, so kann man die Symmetrien vielleicht als Strukturen der Software begreifen, wohingegen die Hardware dieses Weltcomputers mit dem Quantenvakuum zu vergleichen wäre. Das Vakuum ist in der heutigen Physik nicht mehr das Nichts, sondern der Grundbereich, aus dem heraus alle Teilchen entstehen. (Auf den Vakuum-Begriff wird später noch genauer eingegangen.) Man kommt zu interessanten Ergebnissen, wenn man den Vergleich der Welt mit einem Computer fortführt. Der Weltcomputer besitze einen Bildschirm, der jedoch dreidimensional sei und der unseren beobachtbaren Raum darstellen soll. Die auf diesen Bildschirm projizierten Gegenstände seien nun die Objekte, einschließlich aller Lebewesen, der von uns wahrgenommenen Welt. Führt nun ein Physiker dieser Bildschirm-Welt eine Messung durch, so wird in der Messung ein Elementarteilchen auf den Bildschirm projiziert. In diesem Sinn ließe sich Heisenbergs Deutung der Aktualisierung von potentiellen Objekten verstehen. Da jedoch Heisenbergs Deutung an der Messtheorie scheitert, wonach bei der heutigen QM auch Makroobjekte vor der Beobachtung nur in einem potentiellen Zustand sein können, muss der soeben beschriebene Vergleich mit einem Computer ein wenig geändert werden. Es wäre ohnehin ungewöhnlich, Mikro- und Makroobjekten einen verschiedenen ontologischen Zustand zuzuschreiben (was aber natürlich der Fall sein könnte), da man doch annimmt, dass Makroobjekte sich aus Mikroobjekten zusammensetzen. Angenommen das Programm des Weltcomputers sei in der Lage, Unterprogramme zu bilden und der Hauptprozessor ihm untergeordnete Nebenprozessoren, so können die Nebenprozessoren mit dem menschlichen Verstand verglichen werden. Der Weltcomputer besitze außerdem keinen universalen Bildschirm, dafür sei aber den Unterprogrammen und Nebenprozessoren jeweils ein Bildschirm zugeordnet, und ein einzelner Bildschirm entspricht nun dem psychischen Wahrnehmungsfeld eines Menschen. (Für die anderen Empfindungsqualitäten wäre etwas der visuellen Wahrnehmung Analoges zu denken.) Die Objekte des Wahrnehmungsfeldes entstehen nun erst mit der Beobachtung. In diesem Sinn könnte auch Wigners Interpretation verstanden werden.[34]

Sind die Symmetrien Softwarestrukturen der Unterprogramme, so könnte man bei dieser zweiten Version des Computer-Weltbildes die Symmetrien auch als Erkenntnisstrukturen deuten, was ebenfalls eine mögliche Deutung von Platons Ideen ist. Deshalb könnte es lohnenswert sein, die Konstanzphänomene der Wahrnehmungspsychologie (z.B. Größenkonstanz: eine Veränderung des Objektabstandes vom Beobachter lässt die wahrgenommene Objektgröße unverändert) und die Symmetrien der Physik miteinander zu vergleichen.[35] Im Sinne der evolutionären Erkenntnistheoretiker (z.B. Vollmer, 1983), welche eine evolutionsbedingte Passung von Real- und Erkenntnisstrukturen behaupten, könnten Symmetrien sowohl Real- als auch Erkenntnisstrukturen sein.

Bei diesem Weltbild wäre außerdem eine neue Art, Experimente zu beschreiben, sinnvoll, die Primas erwähnt (Primas, 1983a, 233f). Bei einer systemtheoretischen Beschreibung eines Experimentes werden die informationstheoretischen Begriffe des Inputs, des Kanals und des Outputs benutzt. Man unterscheidet eine Informationsquelle mit einem Encoder, ein System, welches Informationen überträgt, und einen Empfänger mit einem Decoder. Und da die zweidimensionale Bildschirmdarstellung nur ein Teil des dreidimensionalen Computers ist, liegt die Frage nahe, ob auch unser beobachtbarer dreimensionaler Raum nur Teil eines höherdimensionalen Gebildes ist; beispielsweise ist er in der Theorie von Burkhard Heim tatsächlich nur ein Unterraum einer sechs-

---

[34] Wigner selbst tendiert jedoch dazu, die reale Existenz von menschlichen Körpern anzunehmen, da für ihn das Bewusstsein aus den physisch-chemischen Bedingungen geschaffen wird. Er vermutet, wie schon erwähnt, dass die QM auf menschliche Körper nicht anwendbar sei.

[35] Hoffman (1980) beschreibt die Konstanzen der Wahrnehmungspsychologie (Formkonstanz, Größenkonstanz usw.) als raumzeitliche Invarianten bestimmter Lie-Untergruppen.

oder gar zwölfdimensionalen Welt (Heim, 1983, 1989; Heim, Dröscher, 1985; Dröscher, Heim, 1996).

Wegen der Frage nach der Hardware des Welt-Computers soll zur Erläuterung des Vakuum-Begriffes die Formalismusart der 2. Quantisierung und der relativistischen QM (QFT) noch einmal erwähnt werden: In der Quantenfeldtheorie werden Operatorenfelder als Funktionen von Teilchenerzeugungs- und -vernichtungsoperatoren geschrieben, deren wesentliche Eigenschaft darin besteht, die Gesamtteilchenzahl zu verändern (Greiner, 1989). Der Zustandsvektor |n> mit $n = 0,1,2,3$ ... gibt die Teilchenzahl an, und der Vakuumzustand |0> ist definiert als der niedrigstmögliche Energiezustand, in dem keine reellen Teilchen existieren (nur kurzzeitig virtuelle). Das Vakuum ist somit der Zustand, aus dem heraus Teilchen erschaffen werden. In der Sprache der aristotelischen Naturphilosophie kann man das Vakuum auch als die „prima materia" bezeichnen, die als sekundäre Materieform die beobachtbare Materie hervorbringt. In einer anderen Terminologie der Philosophie könnte man vom Sein sprechen, welches das materielle Seiende hervorbringt. Diese Grundsubstanz oder prima materia existiert natürlich auch, wenn sie Teilchen hervorgebracht hat, aber nur im Zustand ohne reelle Teilchen ist sie als das Quantenvakuum definiert, wenngleich manchmal auch beim Teilchenzustand vom zugrundeliegenden Quantenvakuum gesprochen wird. Diese Grundsubstanz darf man sich vermutlich nicht einfach als einen feinen Stoff vorstellen, der den ganzen Raum durchdringt; also nicht einfach als einen mechanischen Äther, wie man es sich im 19. und 20. Jahrhundert bis zur Speziellen Relativitätstheorie vorstellte. Sollten eines Tages die heutigen Versuche der Physik gelingen, die Allgemeine Relativitätstheorie und die QM miteinander zu vereinen und somit die Raumzeit zu quantisieren, so wird dies vielleicht zeigen, dass auch die Raumzeit aus dem Vakuum entsteht. Das Vakuum ist also vielleicht nicht einfach ein herkömmlicher räumlicher Stoff, sondern bringt den beobachtbaren Raum mit der Materie erst hervor (vgl. Saunders, Brown, 1991; Bohm, Hiley, 1993). In unserer Analogie entspricht deshalb der beobachtbare Raum dem aktivierten (erleuchteten) Bildschirm des Welt-Computers, wohingegen das Vakuum der eigentliche Rechner wäre.

Zur Benutzung des Vakuum-Begriffes muss allerdings noch eine kritische Anmerkung gemacht werden: Wie bereits wiederholt erwähnt
wurde, sollen für die realistische Interpretation von Theorienstrukturen
die Gemeinsamkeiten der verschiedenen Formalismen benutzt werden,
der Vakuumbegriff kommt aber in den meisten nichtrelativistischen
Formalismen nicht vor. Wie aber ebenfalls bereits angemerkt wurde,
muss letzten Endes die relativistische QM für die Deutung von Realstrukturen benutzt werden. (Symmetrien und diskontinuierliche Änderungen bei der Beobachtung haben in der relativistischen QM die gleiche Bedeutung wie in der nichtrelativistischen.) In der Elementarteilchenphysik, welche die relativistische QM benutzt, kommt man heute
ohne den Vakuumbegriff nicht mehr aus. Die Physiker haben sogar damit begonnen, die innere Struktur des Vakuums zu untersuchen; das
Vakuum kann einen Druck ausüben, scheint Informationen zu enthalten
und hat vielleicht sogar einen Einfluss auf die Naturgesetze (Rafelski &
Müller, 1985; Saunders, Brown, 1991; Genz, 1994).

Es soll nun hier kein neues Weltbild ausgearbeitet werden.[36] Ob die
Deutung der Naturgesetze bzw. der Symmetrien als Software-Struktu-
ren haltbar ist, müsste ohnehin genauer untersucht werden. Weiterhin
ist es bedenklich, wenn man sein Weltbild ständig der jeweilig verfüg-
baren Technik anpasst. Würde der Computer die Uhr des Mechanismus
ablösen, so würde sich die Frage stellen, was es wohl in 100 oder 200
Jahren für technische Geräte geben wird. Wie am Ende des zweiten Kapitels festgestellt wurde, ist es auch ohne die quantenmechanischen
Probleme, also selbst wenn man diese Probleme lösen könnte, derzeit
nicht möglich, ein Weltbild erkenntnistheoretisch zu begründen. Vielleicht muss man sich damit begnügen, mathematische Strukturen von
Theorien zu finden, die man Realstrukturen zuordnen kann, ohne diese
Strukturen auch noch in ein Weltbild einzugliedern. Eine Interpretation
von mathematischen Strukturen im Rahmen eines Weltbildes ist unter
Umständen lediglich ihre Projektion auf die Begriffe unserer mesokos-
mischen Wahrnehmungs- bzw. Welterkenntnis, welche der realen Welt
mit mikro- und makrokosmischen Dimensionen nicht entsprechen.

---

[36] Eine detaillierte Ausarbeitung des Computer-Weltbildes und einer darauf auf-
bauenden Interpretation der QM habe ich in einem anderen Buch (2020) gegeben.

Weltbilder haben jedoch in der wissenschaftlichen Forschung eine heuristische Funktion, insofern sie die Theorienkonstruktion leiten, und in diesem Sinn mag das Computer-Weltbild durchaus nützlich sein.

Nimmt man einmal das Computer-Weltbild ernst, so ermöglicht es eine neue Lösung des Leib-Seele Problems und ein besseres Verständnis alter Lösungsansätze: Emergenz- bzw. Identitätstheoretiker behaupten die Identität psychischer und neurophysiologischer Prozesse, wobei angenommen wird, dass die Natur auf höheren Systemebenen (Gehirn) emergente Eigenschaften (Psyche) hervorbringen kann (z.B. Bunge, 1977). Diese Emergenz neuer Eigenschaften ist im atomistisch-mechanistischen Weltbild unverständlich: Wie kann eine Welt, die nur aus Atomen (bzw. klassischen Elementarteilchen) besteht, Bewusstseinsqualitäten wie Farbe, Wärme, Liebe und Bedeutung hervorbringen? Hingegen bildet im Computer-Weltbild die Projektion neuer Qualitäten auf den Bildschirm bei komplexeren Systemen kein grundsätzliches Problem. Im Rahmen dieses Weltbildes ließe sich das Leib-Seele Problem aber auch auf eine ganz neue Weise betrachten (s. Arendes, 1996, 2020, 2023): Das auf den Computer-Bildschirm projizierte Gehirn mag einige kognitive Leistungen der im Quantenvakuum liegenden Software (in transformierter Form) widerspiegeln. Ein Teil der kognitiven Leistungen wird aber vielleicht (evtl. aus Platzgründen) nicht auf den Bildschirm (ins Gehirn) projiziert; dieser Teil der Software bliebe unsichtbar. Umgehen lassen sich natürlich alle fundamentalen Probleme der Hirnforschung, indem man eine dualistische Position einnimmt und für kognitive Prozesse eine Seele postuliert. Der bekannteste Vertreter dieser Position ist Eccles, welcher die Hypothese vertritt, ein immaterieller Geist würde mit dem Gehirn in Wechselwirkung stehen, indem er die quantenmechanischen Wahrscheinlichkeiten beeinflusst (Eccles, 1994). Abgesehen davon, dass Eccles keine realistische Interpretation der QM gibt, wirft jedoch solch ein Substanz-Dualismus große philosophische Probleme auf; z.B. ist nicht zu verstehen, wie zwei unterschiedliche Substanzen miteinander wechselwirken können. Vielen Hirnforschern ist deshalb Eccles' Lösungsansatz zu radikal. Sollte aber Eccles' Forschungsprojekt in Zukunft tatsächlich zeigen, dass es von außen rätselhafte Einwirkungen auf das Gehirn gibt und dass manche kognitiven Prozesse außerhalb des Gehirns ablaufen, so könnte man diese empirischen Daten im Sinne der Quantenvakuum-Hypothese interpretieren: Dies wären Prozesse, die im Quantenvakuum ablaufen. Diese Hypothese hätte den Vorteil, dass man dann die Physik als Erklärungsgrundlage nicht aufzugeben brauchte.

Die primäre Funktion des Computer-Weltbildes ist jedoch lediglich zu verdeutlichen, dass es nicht völlig abwegig ist, Symmetrien objektiv zu deuten, und dass man Heisenbergs Deutung ernst nehmen und nicht einfach als Kuriosität abtun sollte. Selbst Wigners Deutung, wonach die QM nur über Beobachtungen spricht, wird durch das Computer-Weltbild verständlicher; die QM spricht danach nur über das, was auf dem Bildschirm geschieht, und nicht über die Prozesse außerhalb des Bildschirms. Bis man Heisenbergs realistische Deutung der Symmetrien und seine These von der Aktualisierung potentieller Objekte akzeptieren kann, sind allerdings noch einige Untersuchungen anzustellen. Viele Deutungen der QM erscheinen auf den ersten Blick plausibel und erst nach einer genaueren Analyse zeigen sich ihre Probleme. Es bleibt u.a. zu untersuchen, welche Symmetriegruppen real zu deuten wären. Auch die historische Dimension darf nicht übersehen werden: Lösen sich aufeinander folgende Theorien mit Symmetrien ab, zwischen denen nicht zumindest Grenzübergänge existieren, so würde das eine zu starke zeitliche Relativierung unserer Erkenntnis bedeuten. Die historische Betrachtung wirft aber ein noch grundsätzlicheres Problem auf. Geht man dazu über, statt Teilchen oder Felder Symmetrien als Realstrukturen zu deuten, so steht man der Frage gegenüber, ob es in Zukunft nicht abermals einen derartigen Bruch geben kann und man dann statt Symmetrien irgendwelche anderen Strukturen real deutet.

Es bleibt also dabei, dass aus der Sicht der QM die Behauptung der objektiven Erkenntnis von Realstrukturen derzeit nur mit großer Vorsicht vertreten werden kann, wenngleich es einen interessanten und noch genauer zu untersuchenden Deutungsansatz gibt. Sollte es in Zukunft plausibel erscheinen, Symmetrien und andere mathematische Strukturen physikalischer Theorien realistisch zu deuten, dann wäre dies zumindest ein Strukturwissen über die Welt.[37] Das heißt, wir

---

[37] Ein strukturalistisches Theorienkonzept wird z.B. von Suppes, Sneed und Stegmüller vertreten (s. Stegmüller, 1979, Kap. III.4).

können vielleicht keine objektiven Aussagen über die Bausteine (über die Grundsubstanzen) der Welt oder über die Bewegungsformen von beobachtbaren Objekten außerhalb der Beobachtung machen, haben aber vielleicht dennoch ein objektives Wissen über einige Strukturen der Welt, welche in unseren Theorien als mathematische Strukturen repräsentiert sind (im Sinne einer Homomorphie). Und mehr benötigt man ja eigentlich nicht als Handlungsorientierung. Die Möglichkeit der realistischen Interpretation abstrakter mathematischer Strukturen von physikalischen Theorien erfordert in Zukunft noch eine genauere Untersuchung; da wir aber in der Lage sind, mit unseren Theorien umfangreiche technische Anwendungen zu konstruieren, ist es plausibel anzunehmen, dass diese Theorien tatsächlich in irgendeiner Weise Wissen über die Natur enthalten. Einen Vorschlag, was für eine Weltauffassung ohne Benutzung der Computer-Metapher man beim heutigen Stand der Wissenschaften vertreten kann, habe ich in einem anderen Buch (2023) ausgearbeitet.

Es ist anzunehmen, dass die QM wie ihre vorhergehenden Theorien nicht auf ewig gelten wird und dass sie eines Tages durch eine andere Theorie ersetzt werden wird; ob diese Theorie einfacher zu deuten sein wird, sei dahingestellt. Wigner diskutiert wiederholt Schwierigkeiten der QM, die er als Indiz ansieht für: „quantum mechanics shares a degree of incompleteness with all other theories of physics" (Wigner, 1983, 297ff; vgl. auch Wigner, 1967, 167f).[38] Ein problematischer Punkt im mathematischen Formalismus ist z.B. die Energie-Zeit-Unschärferelation. Während sich ansonsten die Unschärferelationen auf zwei Operatoren beziehen, handelt es sich in diesem Fall bei der Zeit nicht um einen Operator. Dies ist umso bemerkenswerter, als in der Relativitätstheorie der Ort und die Zeit mathematisch gleichrangig sind, so dass man erwarten sollte, dass sie in der QM ebenfalls gleichrangig sind; entweder beide als Operatoren oder beide als Parameter.

Um der Wissenschaftserkenntnis gerecht zu werden, sind auch die anderen Theorien zu beachten. Wäre eine externe Konsistenz der QM z.B.

---

[38] „Quantenmechanik teilt einen Grad von Unvollständigkeit mit allen anderen Theorien der Physik"

mit der Biologie nicht gegeben, so würde dies, will man eine externe Inkonsistenz nicht als ein Argument für den Instrumentalismus betrachten, eine Änderung auf einer der beiden Seiten fordern. Der Biologe wird natürlich fragen, welche Funktionen Sinnesorgane haben, wenn nicht die der (teilweisen) Erkenntnis der Welt. Auf diese Frage müsste bei vollständiger Erkenntnisleugnung geantwortet werden, dass die Sinnesorgane auch erst mit unserer Beobachtung entständen und keine Funktion hätten. Dann müssten wegen der externen Konsistenz die Theorien der anderen Wissenschaften umgedeutet oder sogar neue Theorien formuliert werden, da z.B. die Evolutionstheorie einen vermeintlich realen Vorgang beschreibt. Wenn aber neue Theorien ohnehin notwendig wären, warum dann nicht gleich in der Quantenphysik? Es mag sein, dass die QM nur ein Grenzfall einer nicht-linearen Theorie ist oder dass sie insbesondere auf höheren Systemebenen unvollständig ist. Nimmt man die These von der Emergenz neuer Eigenschaften auf einer höheren Systemebene an, so liegt diese Vermutung nahe. Das Bewusstsein, das zweifellos irgendwie vom Gehirn abhängt, und andere biologische Eigenarten wie z.B. die Funktionalität der Organe deuten klar darauf hin, dass die QM auf einer höheren Systemebene, in der Biologie, eine Anwendungsgrenze besitzt, wie es auch viele Begründer der QM annahmen. Vielleicht gehen Heisenbergs Potentialitäten bei einer bestimmten Konstellation spontan als klassische Makroobjekte in die Aktualität über. Eine der wichtigsten Aufgaben ist deshalb, eine naturwissenschaftliche Emergenztheorie zu finden, die nicht nur das Auftauchen von neuen Eigenschaften auf einer höheren Systemebene beschreibt, sondern auch die Dynamik dieses Prozesses angibt. Primas' Theorie, in der emergente Eigenschaften durch Symmetriebrüche entstehen, geht vielleicht schon in die richtige Richtung (Primas, 1983a). Könnte man die Entstehung von klassischen Eigenschaften physikalisch erklären (also nicht nur als Abstraktion im Sinne Primas' begreifen), so wäre das Messproblem in einer neuen QM vielleicht lösbar und Heisenberg hätte mit seiner Intuition Recht gehabt, dass bereits die Messgeräte die Reduktion ausführen. Dieses müsste aber tatsächlich eine neue quantenmechanische Theorie sein, da in der heutigen QM emergente Geräteeigenschaften z.B. das Renningersche Messproblem (s. S. 54f) nicht lösen können.

Eine neue Theorie, die höhere Systemeigenschaften (z.B. auf der Geräteebene) berücksichtigt, wird vielleicht in der Lage sein, das Problem der Reduktion der Wellenfunktion zu lösen (s. Kap. 8: Nachwort zur 2. Auflage; vgl. auch Prigogine, Stengers, 1993). Durch eine derartige Theorie werden aber unter Umständen noch nicht die anderen Interpretationsprobleme der heutigen QM, wie sie in Kapitel 3 vorgestellt worden sind, gelöst. Wie unsere Analyse zeigte, stellt die QM besonders unsere Raumvorstellung in Frage. Diese und andere Problematiken werden eventuell erst lösbar sein durch eine Synthese der Elementarteilchenphysik bzw. QM mit der Allgemeinen Relativitätstheorie, wie es vor allem Penrose (1994) und Bohm & Hiley (1993) hoffen. Allerdings muss damit gerechnet werden, dass eine Vereinigung beider Theorien auch neue Interpretationsprobleme schaffen wird, denn bislang wurde die Physik mit jeder Theoriengeneration immer abstrakter und unverständlicher.

Wenig sinnvoll ist es deshalb, sein gewohnt gewordenes Weltbild mit der Hoffnung auf eine zukünftige Theorie zu begründen und die möglichen Konsequenzen oder die Schwierigkeiten der heutigen QM zu ignorieren – auf diese Weise könnte man jeden Sinn oder Unsinn beibehalten. Das Problem, das sich durch die Verletzung der Bellschen Ungleichung ergibt, ist unabhängig vom Wahrheitswert der QM. Es kommt noch hinzu die Frage, ob es wirklich gelungen ist, die Relativitätstheorie in allen ihren Zügen (z.B. Zeitdilatation, Zeitschleifen und Singularitäten) realistisch zu interpretieren (vgl. von Kutschera, 1981). Wir werden also wohl kaum darum herumkommen, unsere Anschauungen über die Natur drastisch zu ändern, wenn wir noch den Anspruch erheben wollen, zumindest teilweise die Welt objektiv erkennen zu können.

Vielleicht befinden wir uns in einer Übergangsphase, die man mit der kopernikanischen Wende vergleichen kann. Die Himmelskinematik des Ptolemaios konnte man nicht im Sinne eines realen Mechanismus interpretieren, und erst der Übergang zum kopernikanischen Weltbild ermöglichte es Kepler, den Instrumentalismus zurückzuweisen und über Brauchbarkeit und Vorhersageerfolge hinausgehend die Wahrheit von Theorien zu fordern (Kanitscheider, 1984b, 109). Eventuell ermöglicht uns ein neues Weltbild nicht nur, mathematisch formulierte Theorien zu verstehen, sondern gibt uns auch Hinweise dahingehend, wie wir unsere wissenschaftliche Methodologie verbessern können, um darauf aufbauend glaubwürdig die Wahrheit von Theorien vertreten zu können. Heisenberg beruft sich auf Platons Philosophie, und es könnte lohnenswert sein, Platons Methodologie und Erkenntnistheorie genauer zu untersuchen.

7. Resümee

Gegen die Annahme der Existenz einer Welt unabhängig vom erkennenden Subjekt gibt es aus der QM keine zwingenden Argumente und kann deshalb auch weiterhin als regulative Leitidee beibehalten werden. Da es aber zurzeit keine allgemein akzeptierte realistische Interpretation der QM gibt, lässt sich die Behauptung der objektiven Erkenntnis von Realstrukturen derzeit nur mit großer Vorsicht vertreten. Es ist aber vernünftig anzunehmen, dass die physikalischen Theorien irgendeine Art von Wissen über die Natur enthalten, denn warum wären sie sonst bei praktischen Problemen so gut anwendbar? Es mag sein, dass Theorien uns nur ein abstrakt formulierbares Strukturwissen über die Natur vermitteln können und keine Erkenntnisse über die grundlegendsten Bausteine der Welt. Hierüber bedarf es jedoch noch weiterer erkenntnistheoretischer Untersuchungen. Zum Beispiel bleibt zu präzisieren, was unter Objektivität bzw. Korrespondenz von abstrakten Theorienstrukturen und Realstrukturen genau zu verstehen ist. Ein endgültiges Urteil über den ganzen Problemkomplex lässt sich aber auch deshalb noch nicht fällen, weil einerseits die Vereinigung der QM mit der Allgemeinen Relativitätstheorie (Gravitationstheorie) noch aussteht, andererseits die Biologie nahelegt, dass die heutigen physikalischen Theorien zumindest auf höheren Systemebenen unvollständig sind. Schließlich ist auch anzunehmen, dass die Information, die von der Realität in unseren Erkenntnisapparat gelangt, im Beobachtungsvorgang transformiert wird, so dass auch eine psycho-biophysikalische Theorie der Wahrnehmung zu mehr Klarheit über die Natur führen könnte.

8. Nachwort zur 2. Auflage

Vor ungefähr dreißig Jahren, im Januar 1988, reichte ich mein Buch über „Das Realismusproblem in der Quantenmechanik" am Zentrum für Philosophie und Grundlagen der Wissenschaften der Justus-Liebig-Universität in Gießen als Magisterarbeit in Philosophie ein und veröffentlichte es 1992 beim Verlag Königshausen & Neumann unter dem Haupttitel „Gibt die Physik Wissen über die Natur?". Seit dieser Zeit hat die Physik mehrere wichtige Fortschritte in Bezug auf einige der im Buch behandelten Themen gemacht, von denen insbesondere drei hervorhebenswert sind und im Folgenden genauer erläutert werden sollen: 1. Es wurden im Gefolge der Untersuchungen zur Bellschen Ungleichung neue Ungleichungen hergeleitet und experimentell untersucht, so dass heute wohl die meisten Physiker von der Nichtrealität quantenmechanischer Eigenschaften überzeugt sind. 2. Theoretische und experimentelle Untersuchungen zur Dekohärenz führten dazu, dass man heute den Prozess der Reduktion der Zustandsfunktion teilweise schon recht gut versteht. 3. Experimente zur quantenmechanischen Teleportation lassen kaum noch einen Zweifel daran, dass es außerhalb unserer Raumzeit einen weiteren Seinsbereich gibt und dass der Informationsbegriff in der QM von zentraler Bedeutung ist.

1. Realismuskritik

Aufbauend auf der Bellschen Ungleichung sind in den letzten Jahren weitere Ungleichungen, die im Widerspruch zur QM stehen, hergeleitet und experimentell untersucht worden mit dem Ergebnis der Bestätigung der QM, wobei die Veröffentlichung „An experimental test of non-local realism" der Forschungsgruppe um Anton Zeilinger (Gröblacher et al., 2007) besonders hervorhebenswert ist. Der Beweis der Bellschen Ungleichung basiert hauptsächlich auf den beiden Voraussetzungen des Realismus und der Lokalität, und aufgrund der experimentellen Widerlegung dieser Ungleichung steht man scheinbar vor der Wahl, mindestens eine der beiden Voraussetzungen aufzugeben. In der soeben genannten Veröffentlichung wird jedoch beim Beweis der neuen Ungleichung (aufbauend auf einer Ungleichung von Leggett, 2003) nicht die Annahme der Lokalität gemacht, vielmehr basiert sie auf einer annehmbar vernünftigen Klasse von nicht-lokalen verborgenen Variablen und der Realismusannahme. Die Experimente bestätigen jedoch die QM, so dass nach Meinung der Autoren nicht nur die Lokalität aufgegeben werden muss, sondern auch gewisse Eigenschaften einer realistischen Beschreibung. Durch derartige theoretische und experimentelle Untersuchungen neigen nun wohl die meisten Physiker dazu, die Realität quantenmechanischer Eigenschaften wie Ort, Impuls und Spin zu bestreiten; solche Eigenschaften scheinen tatsächlich erst in der Beobachtung, Messung oder allgemeiner ausgedrückt in der Wechselwirkung des Objektes mit der Umwelt zu entstehen.

2. Dekohärenz

Bereits in der ersten Auflage dieses Buches hatte ich zum Schluss die Vermutungen geäußert, dass eventuell durch irgendeinen Prozeß quantenmechanische Eigenschaften in klassische Eigenschaften übergehen, eventuell durch emergente Eigenschaften einer höheren Systemebene, und dass dadurch der Messvorgang, die Reduktion der Wellenfunktion, erfolge. In eine ähnliche Richtung weisen nun tatsächlich die experimentellen und theoretischen Untersuchungen zur Dekohärenz. Diese Untersuchungen hatten schon begonnen vor meiner Buchpublikation und sogar vor meinem Einreichen der Magisterarbeit, ich kannte jedoch damals diese Arbeiten nicht. Diese Forschungsrichtung begann mit einer Arbeit von Zeh (1970), und einer der wichtigsten Forscher auf diesem Gebiet, W. Zurek, veröffentlichte 1991 den Artikel „Decoherence and the Transition from Quantum to Classical", worauf ich hier ein wenig eingehen möchte (den Artikel veröffentlichte Zurek 2002 noch einmal mit weiteren Zusätzen).

Heinz-Dieter Zeh vermutete, dass klassische Eigenschaften eines Systems auf dessen irreversiblen Wechselwirkung mit der Umgebung beruhen, dass somit klassische Eigenschaften durch die Umgebung erzeugt werden. Durch die Verschränkung des gemessenen Objekts mit den Freiheitsgraden der Umwelt werden Informationen über die Quanteneigenschaften des Objekts auf die Umwelt übertragen und deshalb am Objekt nicht mehr beobachtbar. Mit Blick auf die quantenmechanische Zustandsfunktion bedeutet das, dass die Interferenzterme, die bei der Wechselwirkung des Objektes beispielsweise mit dem Messgerät entstehen, verschwinden.

Kritiker halten diesem Ansatz, dadurch das Messproblem lösen zu wollen, entgegen, dass zwar die Interferenzterme durch diesen Vorgang der Dekohärenz verschwinden, die Zustandsfunktion aber immer noch unterschiedliche Terme für die Beobachtung verschiedener Möglichkeiten enthält, und der letztendliche Übergang von den mehreren Möglichkeiten zur tatsächlichen Beobachtung weiterhin ungeklärt bleibt. Vom rein theoretischen Standpunkt aus betrachtet haben die Kritiker Recht, und es gibt ohnehin in diesem Forschungsprojekt noch einige wichtige offene Fragen. Was die verschiedenen Terme in der Zustandsfunktion betrifft, muss aber doch gefragt werden, ob es sich hierbei vielleicht nur noch um die Unwissenheit über den vorliegenden Zustand handelt, wie Heisenberg es nach dem Messvorgang vermutete und wie auch Zurek es annimmt, und nicht um eine physikalische Unbestimmtheit. Experimentelle Untersuchungen – insbesondere im Rahmen der Konstruktion von Quantencomputern – scheinen stark darauf hinzudeuten, dass bei diesen Dekohärenzprozessen tatsächlich klassische Teilchen entstehen. Um Quantencomputer bauen zu können, muss peinlichst darauf geachtet werden, dass der Kontakt zur Umwelt so gering ist, dass es keine Dekohärenz gibt, da ja die Superpositionszustände die parallelen Verrechnungen durchführen sollen. Ist dies nicht der Fall, gehen anscheinend beispielsweise die Ionen in ihren Ionenfallen in Zustände mit gleichzeitig wohldefiniertem Impuls und Ort über, was in der QM unmöglich ist (s. Nielsen, Chuang, 2000, z.B. Kap. 7.6).

Um nun etwas detaillierter auf Zureks Artikel zu sprechen zu kommen. In meinem Buch vermute ich, dass emergente Eigenschaften von höheren Systemebenen für klassische Eigenschaften und die Reduktion der Zustandsfunktion verantwortlich sein könnten. In der Physik liegt über der Einteilchenebene als höherer Systemebene die Vielteilchenebene der Thermodynamik (TD), nach der es emergente Eigenschaften wie Temperatur und Entropie gibt, und aus Zureks Artikel wird deutlich, dass bei der Dekohärenz die Thermodynamik eine entscheidende Rolle spielt. Die Wechselwirkung des Objektes mit der Umwelt wird thermodynamisch behandelt und in der entsprechenden mathematischen Formel tritt im Term, der für die Dekohärenz verantwortlich ist, die Boltzmann-Konstante der TD auf. Setzt man den Wert der Boltzmann-Konstante auf null, verliert also die TD ihre Gültigkeit, so gibt es keine Dekohärenz. Es spricht somit viel dafür, dass man das Problem der Reduktion der Wellenfunktion nur wird lösen können, wenn man die QM mit der TD verbindet. Eine korrekte Theorie der physikalischen Wirklichkeit kann vermutlich nur eine Vielteilchentheorie sein! Zurek deutet außerdem an, dass die Dekohärenz sogar verantwortlich ist für die Entropiezunahme in der TD, was ein altes Problem der Physik ist.

3. Quantenteleportation

Erfahrene Psychologen wissen schon seit langem, dass es zwischen Menschen telepathische Informationsübertragungen geben kann, und etwas Ähnliches ist nun seit ein paar Jahren auf der Ebene der Elementarteilchen ein experimentell nachgewiesenes Faktum: Zwischen Elementarteilchen lassen sich instantan und ohne Einfluss des zwischen ihnen liegenden Raumes Informationen übertragen (dadurch allein kann man aber noch keine Nachrichten übermitteln). Bennett et al. haben 1993 erstmals darauf aufmerksam gemacht, dass es nach der QM möglich sein sollte, den Quantenzustand eines Teilchens auf ein anderes Teilchen zu übertragen, indem man ihren Verschränkungszustand ausnutzt, und die erste experimentelle Durchführung einer derartigen Quantenteleportation veröffentlichte eine Forschungsgruppe um Anton Zeilinger mit dem Artikel „Experimental quantum teleportation" (Bouwmeester et al., 1997). In ihrem Experiment geht es darum, den Polarisationszustand eines Photons 1 am Ort A auf ein anderes Photon am Ort B zu übertragen. Hierfür wird zunächst ein Photonenpaar 2 und 3 in einem bestimmten Verschränkungszustand, in einem sogenannten Bell-Zustand, hergestellt, und Photon 2 nach A und Photon 3 nach B gebracht. Bei A lässt man dann Photon 1 und Photon 2 derartig miteinander wechselwirken, dass auch sie in einen verschränkten Bell-Zustand übergehen. Sobald dies geschieht, geht Photon 3 bei B in den ursprünglichen Zustand von Photon 1 über, instantan und unabhängig von der Entfernung zwischen A und B. Hervorhebenswert ist, dass hierbei keinerlei materielle Übertragung von A nach B erfolgt. In einem späteren von Zeilingers Forschungsgruppe berichteten Experiment lagen A und B auf den kanarischen Inseln von La Palma und Teneriffa, 143 km voneinander entfernt (Ma et al., 2012).

Wegen den in den Abschnitten 1 bis 3 dargestellten Ergebnissen vermuten immer mehr Physiker, dass es einen verborgenen Weltbereich gibt (so z.B. im oben bereits erwähnten Buch von Nielsen und Chuang, 2000, S. 96) und dass der Informationsbegriff ein physikalischer Begriff sein könnte mit mindestens ebenso fundamentaler Bedeutung wie der Energiebegriff. So deutet auch Zurek in dem oben erwähnten Artikel (in der erweiterten Form von 2002, S. 22) an „a still more radical view of the ultimate interpretation of quantum theory in which information seems destined to play a central role."[39] Und Zeilinger (2002, 252) schreibt: „The quantum *system* then is nothing other than the consistently constructed referent of the *information* represented in the quantum state."[40]

Zusammenfassend kann abschließend festgestellt werden, dass einige meiner Vermutungen über das Realismusproblem in der QM von immer mehr Physikern geteilt werden und dass Werner Heisenberg im 20. Jahrhundert das große Genie war, das mit seinen Vermutungen wie etwa der Existenz eines Bereiches außerhalb unserer Raumzeit der Menschheit den Weg in eine neue Wirklichkeitsauffassung wies.

---

[39] „eine noch radikalere Sicht der ultimativen Deutung der Quantentheorie, in der Information dazu bestimmt ist, eine zentrale Rolle zu spielen."

[40] „Das Quanten*system* ist dann nichts Anderes als der konsistent konstruierte Referent der *Information*, die im Quantenzustand repräsentiert ist."

Literaturverzeichnis

Accardi, L. (1985): 'The Role of Mathematics in Scientific Synthesis and the Interpretation of Quantum Theory'. Konferenzmanuskript: *The Fourteenth International Conference on the Unity of the Sciences*. Houston.

Arendes, L. (1996): 'Ansätze zur physikalischen Untersuchung des Leib-Seele-Problems'. *Philosophia Naturalis 33*: 55-81.

Arendes, L. (2020): *Das Computer-Weltbild. Funktionen der Naturphilosophie in der Naturwissenschaft.*

Arendes, L. (2023): *Die wissenschaftliche Weltauffassung. Wissenschaftliche Naturphilosophie.* Books on Demand, Norderstedt.

Aspect, A., Dalibard, J., Roger, G. (1982): 'Experimental Test of Bell's Inequalities Using Time-Varying Analyzers'. *Phys. Rev. Lett. 49*: 1804-1807.

Aspect, A., Grangier, P., Roger, G. (1982): 'Experimental Realization of Einstein-Podolsky-Rosen-Bohm Gedankenexperiment: A New Violation of Bell's Inequalities'. *Phys. Rev. Lett.* 49: 91-94.

Bell, J. (1964): 'On the Einstein Podolsky Rosen Paradox'. *Physics 1*: 195-200.

Bell, J. (1981): 'Bertlmann's Socks and the Nature of Reality'. *J. de Physique C2, Suppl. 3, Tome 42*: 41-62.

Bennett, C. H. et al. (1993): 'Teleporting an unknown state via dual classical and Einstein-Podolski-Rosen channels'. *Phys. Rev. Lett. 70*: 1895-1899.

Bohm, D. (1980): *Wholeness and the implicate order*. Boston.

Bohm, D. (1986a): 'Vorschlag einer Deutung der Quantentheorie durch „verborgene" Variable'. In: K. Baumann, R. Sexl (Hrsg.): *Die Deutungen der Quantentheorie*. 2. Aufl. Braunschweig, 163-192.

Bohm, D. (1986b): 'A new Theory of the Relationship of Mind and Matter'. *J. Am. Soc. Psych. Res. 80*: 113-135.

Bohm, D., Hiley, B. J. (1984): 'Measurement Understood Through The Quantum Potential Approach'. *Found. of Phys. 14*: 255-274.

Bohm, D., Hiley, B. J. (1993): *The undivided universe. An ontological interpretation of quantum theory*. London.

Bohm, D., Hiley, B. J., Kaloyerou, P. N. (1987): 'An Ontological Basis For The Quantum Theory'. *Phys. Rep. 144*: 321-375. Part I (323-348): D. Bohm, B. J. Hiley: 'Non-Relativistic Particle Systems'. Part II (349-375): D. Bohm, B. J. Hiley, P. N. Kaloyerou: 'A Causal Interpretation of Quantum Fields'.

Bohm, D., Vigier, J.-P. (1954): 'Model of the Causal Interpretation of Quantum Theory in Terms of a Fluid with Irregular Fluctuations'. *Phys. Rev. 96*: 208-216.

Bohm, D., Weber, R. (1986): 'Implizite und explizite Ordnung: Zwei Aspekte des Universums'. In: K. Wilber (Hrsg.): *Das holographische Weltbild*. Bern, 48-114.

Bouwmeester, D., Pan, J.-W., Mattle, K., Eibl, M., Weinfurter, H., Zeilinger, A. (1997): 'Experimental quantum teleportation.' *Nature 390*: 575-579.

Bohr, N. (1985): *Atomphysik und menschliche Erkenntnis. Aufsätze und Vorträge aus den Jahren 1930-1961*. Braunschweig.

Büchel, W. (1965): *Philosophische Probleme der Physik*. Freiburg.

Büchel, W. (1969): 'Messung, Näherung und Zeitrichtung'. *Philosophia Naturalis 11*: 162-188.

Bunge, M. (1967): *Scientific Research. Bd. I, II.* Berlin.

Bunge, M. (1977): 'Emergence and the Mind'. *Neuroscience 2*: 501-509.

Bunge, M. (1985a): *Treatise on Basic Philosophy, Vol. 7, Epistemology & Methodology III, Part I: Formal and physical sciences.* Dordrecht.

Bunge, M. (1985b): 'The Philosophy of Niels Bohr'. Konferenztext zum Symposium *L'héritage scientifique, philosophique et sociopolitique de Niels Bohr*, Cahiers d'épistémologie No. 8503. Montreal.

Cini, M. (1983): 'Quantum Theory of Measurement without Wave Packet Collapse'. *Nuovo Cimento 73B*: 27-56.

Cini, M. (1985): 'Quantum Theory of Measurement without Wave Packet Collapse'. In: G. Tarozzi, A. v. d. Merwe (Hrsg.): *Open Questions in Quantum Physics.* Dordrecht, 185-197.

Clauser, J. F., Horne, M. A. (1974): 'Experimental Consequences of Objective Local Theories'. *Phys. Rev. D 10*: 526-535.

Clauser, J. F., Horne, M. A., Shimony, A., Holt, R. A. (1969): 'Proposed experiment to test local hidden-variable theories'. *Phys. Rev. Lett. 23*: 880-884.

Clauser, J. F., Horne, M. A., Shimony, A. (1978):): 'Bell's theorem: experimental tests and implications'. *Rpts. on Prog. in Phys. 41*: 1881-1927.

de Beauregard, O. C. (1976): 'Time Symmetry and Interpretation of Quantum Mechanics'. *Found. of Phys. 6*: 539-559.

d'Espagnat, B. (1979): 'The Quantum Theory and Reality'. *Scient. American 241, 5, Nov.*: 128-141.

d'Espagnat, B. (1980): 'Quantentheorie und Realität'. *Spekt. d. Wiss. Heft 1, Jan.*: 69-81.

Deutsch, D. (1986): 'Three connections between Everett's interpretation and experiment'. In: R. Penrose, C. I. Isham (Hrsg.): *Quantum Concepts in Space and Time.* Oxford, 215-225.

Dröscher, W., Heim, B. (1996): *Strukturen der physikalischen Welt und ihrer nichtmateriellen Seite.* Innsbruck.

Eccles, J. (1994): *How the Self Controls its Brain*. Berlin.

Einstein, A., Born, H. u. M. (1969): *Briefwechsel 1916-1955*. Reinbek.

Einstein, A., Podolsky, B., Rosen, N. (1986): 'Kann man die quantenmechanische Beschreibung der physikalischen Wirklichkeit als vollständig betrachten?' In: K. Baumann, R. Sexl (Hrsg.): *Die Deutungen der Quantentheorie*. Braunschweig, 80-86.

Everett, H. (1973a): 'The Theory of the Universal Wave Function'. In: B. DeWitt, N. Graham: *The Many-Worlds Interpretation of Quantum Mechanics*. Princeton, 3-140.

Everett, H. (1973b): '"Relative State" Formulation of Quantum Mechanics'. In: B. DeWitt, N. Graham: *The Many-Worlds Interpretation of Quantum Mechanics*. Princeton, 141-149.

Feynman, R. P. (1992): *QED. Die seltsame Theorie des Lichts und der Materie*. 4. Aufl., München.

Franzen, W. (1982): *Wahrheitsproblem – Korrespondenztheorie – Realismus*. Unveröffentlichtes Manuskript, Universität Gießen.

Franzen, W. (1992): 'Totgesagte leben länger. Beyond Realism and Anti-Realism: Realism'. In: Forum für Philosophie Bad Homburg (Hrsg.): *Realismus und Antirealismus*. Frankfurt a. M., 20-65.

Gardner, M. R. (1972): 'Quantum-Theoretical Realism: Popper and Einstein v. Kochen and Specker'. *Brit. J. Phil. Sci.* 23: 13-23.

Genz, H. (1992): *Symmetrie – Bauplan der Natur*. 2. Aufl. München.

Genz, H. (1994): *Die Entdeckung des Nichts. Leere und Fülle im Universum*. München.

Gleason, A. (1957): 'Measures on Closed Subspaces of Hilbert Space'. *J. of Math. and Mech.* 6: 885-893.

Goodman, N. (1990): *Weisen der Welterzeugung*. Frankfurt a. M.

Greiner, W. (1989): *Theoretische Physik. Bd 4: Quantentheorie. Spezielle Kapitel*. Frankfurt a. M.

Gröblacher, S. et al. (2007): 'An experimental test of non-local realism.' *Nature 446*: 870.

Healey, R. (1979): 'Quantum Realism: Naïveté is no Excuse'. *Synthese 42*: 121-144.

Heim, B. (1983): *Elementarstrukturen der Materie. Einheitliche strukturelle Quantenfeldtheorie der Materie und Gravitation, Bd. 2*. Innsbruck.

Heim, B. (1989): *Elementarstrukturen der Materie. Einheitliche strukturelle Quantenfeldtheorie der Materie und Gravitation, Bd. 1*. 2. veränd. Aufl., Innsbruck.

Heim, B., Dröscher, W. (1985): *Einführung in Burkhard Heim Elementarstrukturen der Materie mit Begriffs- und Formelregister*. Innsbruck.

Heisenberg, W. (1976): 'Was ist ein Elementarteilchen?'. *Naturwiss. 63*: 1-7.

Heisenberg, W. (1985): *Der Teil und das Ganze. Gespräche im Umkreis der Atomphysik*. 9. Aufl., München.

Heisenberg, W. (1986): 'Die Entwicklung der Deutung der Quantentheorie'. In: K. Baumann, R. Sexl (Hrsg.): *Die Deutungen der Quantentheorie*. Braunschweig, 140-155.

Heisenberg, W. (1990): *Physik und Philosophie*. Stuttgart. 5. Aufl. Das Original 'Physics and Philosophy' erschien 1958 in *The World Perspective Series*. Herausgegeben von R. N. Ansien, New York.

Herkner, W. (1983): *Einführung in die Sozialpsychologie*. 3. Aufl. Bern.

Hiley, B. J. (1991): 'Vacuum or Holomovement'. In: S. Saunders, H. R. Brown (Hrsg.): *The Philosophy of Vacuum*. Oxford, 217-249.

Hirschberger, J. (1981): *Geschichte der Philosophie, Bd. I, II*. 12. Aufl., Freiburg.

Hoffman, W. (1980): 'Subjective Geometry and Geometric Psychology'. *Mathematical Modelling 1*: 349-367.

Hooker, C. A. (Hrsg.) (1973): *Contemporary Research in the Foundations and Philosophy of Quantum Theory*. Dordrecht.

Jammer, M. (1974): *The Philosophy of Quantum Mechanics. The Interpretations of Quantum Mechanics in Historical Perspective*. New York.

Jammer, M. (1986): 'Wirklichkeit und Objektivierbarkeit in der modernen Physik'. In: O. Molden (Hrsg.): *Autonomie und Kontrolle. Steuerungskrisen der modernen Welt*. Europäisches Forum Alpbach, 118-140.

Kanitscheider, B. (1979): *Philosophie und moderne Physik. Systeme · Strukturen · Synthesen*. Darmstadt.

Kanitscheider, B. (1981): *Wissenschaftstheorie der Naturwissenschaft*. Berlin.

Kanitscheider, B. (Hrsg.) (1984a): *Moderne Naturphilosophie*. Würzburg.

Kanitscheider, B. (1984b): *Kosmologie. Geschichte und Systematik in philosophischer Perspektive*. Stuttgart.

Kanitscheider, B. (1986): 'Gibt es Grenzen der physikalischen Beschreibung in Raum und Zeit?'. In: H. Burger (Hrsg.): *Zeit, Mensch und Natur*. Berlin, 116-145.

Kanitscheider, B. (1987a): 'Probleme und Grenzen einer geometrisierten Physik'. In: P. Weingartner, G. Schurz (Hrsg.): *Logik, Wissenschaftstheorie und Erkenntnistheorie. Akten des 11. Internationalen Wittgenstein-Symposiums 1986*. Wien, 129-144.

Kanitscheider, B. (1987b): 'Kommentar zu »Das Realitätsproblem«'. In: R. Riedl, F. M. Wuketis (Hrsg.): *Die Evolutionäre Erkenntnistheorie. Bedingungen · Lösungen · Kontroversen*. Berlin, 51-57.

Kochen, S., Specker, E. P. (1967): 'The Problem of Hidden Variable in Quantum Mechanics'. *J. Math. and Mech. 17:* 59-87.

Leggett, A. J. (2003), *Found. of. Phys.33*, 1469.

Lindsay, P. H., Norman, D. A. (1981): *Einführung in die Psychologie*. Berlin.

London, F., Bauer, E. (1983): 'The Theory of Observation in Quantum Mechanics'. In: J. A. Wheeler, W. H. Zurek (Hrsg.): *Quantum Theory and Measurement*. Princeton, 217-259.

Ma, X.-S. et al. (2012): 'Quantum teleportation over 143 kilometres using active feed-forward.'. *Nature 489*: 269-273.

Marshall, T. W., Santos, E., Selleri, F. (1985): 'On the Compatibility of Local Realism with Atomic Cascade Experiments'. In: G. Tarozzi, A. v. d. Merwe (Hrsg.): *Open Questions in Quantum Physics.* Dordrecht, 87-101.

Mermin, N. D. (1985): 'Is the moon there when nobody looks? Reality and the quantum theory'. *Physics Today, April*: 38-47.

Messiah, A. (1976): *Quantenmechanik, Bd. I, II.* Berlin.

Misner, C. W., Thorne, K. S., Wheeler, J. A. (1973): *Gravitation.* San Francisco.

Misra, B., Sudarshan, E. C. G. (1977): 'The Zeno`s paradox in quantum theory'. *J. Math. Phys. 18:* 756-763.

Musgrave, A. (1988): 'The ultimate argument for scientific realism'. In: R. Nola (Hrsg.): *Relativism and realism in science.* Dordrecht, 229-252.

Nielsen, M. A., Chuang, I. L. (2000): *Quantum Computation and Quantum Information.* Cambridge (UK).

Paivio, A., Begg, I. (1981): *Psychology of Language.* Englewood Cliffs.

Penrose, R. (1971): 'Angular Momentum: An Approach To Combinatorial Space-Time'. In: T. Bastin (Hrsg.): *Quantum Theory and Beyond.* Cambridge (UK), 151-180.

Penrose, R. (1975): 'Twistor Theory, its Aims and Achievements'. In: C. J. Isham, R. Penrose, D. W. Sciama (Hrsg.): *Quantum Gravity.* Oxford, 268-407.

Penrose, R. (1986): 'Gravity and state vector reduction'. In: R. Penrose, C. I. Isham (Hrsg.): *Quantum Concepts in Space and Time.* Oxford, 129-146.

Penrose, R. (1994): *Shadows of the mind. A search for the missing science of consciousness.* Oxford.

Penrose, R., Isham, C. J. (Hrsg.) (1986): *Quantum Concepts in Space and Time.* Oxford.

Popper, K. (1935): *Logik der Forschung*. Wien.

Popper, K. (1967): 'Quantum Mechanics without "The Observer"'. In: M. Bunge (Hrsg.): *Quantum Mechanics and Reality*. New York, 7-44.

Popper, K. (1985): 'Realism in Quantum Mechanics and a New Version of the EPR Experiment'. In: G. Tarozzi, A. v. d. Merwe (Hrsg.): *Open Questions in Quantum Physics*. Dordrecht, 3-25.

Popper, K. (1995): *Objektive Erkenntnis. Ein evolutionärer Entwurf.* 3. Aufl., Hamburg.

Prigogine, I., Stengers, I. (1993): *Das Paradox der Zeit. Zeit, Chaos und Quanten*. München.

Primas, H. (1977): 'Theory Reduction and Non-Boolean Theories'. *J. Math. Biology 4*: 281-301.

Primas, H. (1983a): *Chemistry, Quantum Mechanics and Reductionism*. 2. Aufl., Berlin.

Primas, H. (1983b): 'Quantum Mechanics and Chemistry'. In: C. Gruber, C. Piron, T. M. Tâm, R. Weill (Hrsg.): *Les Fondements de la mécanique quantique*. Lausanne, 255-270.

Primas, H. (1984): 'Verschränkte Systeme und Komplementarität'. In: B. Kanitscheider (Hrsg.): *Moderne Naturphilosophie*. Würzburg, 243-260.

Primas, H. (1986): 'Die Quantenmechanik als umfassende Theorie der materiellen Realität'. In: O. Molden (Hrsg.): *Autonomie und Kontrolle. Steuerungskrisen der modernen Welt. Europäisches Forum Alpbach*, 140-155.

Putnam, H. (1975): *Mathematics, Matter and Method*. Cambridge (Mass.).

Putnam, H. (1982): *Vernunft, Wahrheit und Geschichte*. Frankfurt a. M.

Rafelski, J., Müller, B. (1985): *Die Struktur des Vakuums. Ein Dialog über das Nichts*. Frankfurt a. M.

Santos, E. (1985): 'Stochastic Electrodynamics and the Bell Inequalities'. In: G. Tarozzi, A. v. d. Merwe (Hrsg.): *Open Questions in Quantum Physics*. Dordrecht, 283-296.

Saunders, S., Brown, H. R. (Hrsg.) (1991): *The Philosophy of Vacuum*. Oxford.

Scheibe, E. (1973): *The Logical Analysis of Quantum Mechanics*. Oxford.

Schlieder, S. (1968): 'Einige Bemerkungen zur Zustandsänderung von relativistischen quantenmechanischen Systemen durch Messungen und zur Lokalitätsforderung'. *Commun. math. Phys.* 7: 305-331.

Schmutzer, E. (1996): ‚Die fünfte Dimension'. In: W. Neuser, K. Neuser-von-Oettingen (Hrsg.): *Quantenphilosophie*. Heidelberg, 168-175.

Schrödinger, E. (1952): 'Are there quantum jumps? Part I.' *Brit. J. Phil. Sci.* 3: 109-123; 'Part II.' *Brit. J. Phil. Sci.* 3: 233-242.

Schrödinger, E. (1986): 'Die gegenwärtige Situation in der Quantenmechanik'. In: K. Baumann, R. Sexl (Hrsg.): *Die Deutungen der Quantentheorie*. Braunschweig, 98-129.

Segal, I. E. (1946): 'Postulates For General Quantum Mechanics'. *Ann. Maths.* 48: 930-948.

Selleri, F. (1984): *Die Debatte um die Quantentheorie*. 2. Aufl. Braunschweig.

Selleri, F. (1985): 'Einstein Locality for Individual Systems and for Statistical Ensembles'. In: G. Tarozzi, A. v. d. Merwe (Hrsg.): *Open Questions in Quantum Physics*. Dordrecht, 153-170.

Shimony, A. (1978): 'Metaphysical Problems in the Foundations of Quantum Mechanics'. *Int. Phil. Quart.* 18: 3-17.

Six, J. (1985): 'Can Non-detected Photons Simulate Non-Local Effects in Two-Photon Polarization Correlation Experiments?' In: G. Tarozzi, A. v. d. Merwe (Hrsg.): *Open Questions in Quantum Physics*. Dordrecht, 171-181.

Stapp, H. P. (1979): 'Whiteheadian Approach to Quantum Theory and the Generalized Bell`s Theorem'. *Found. of Phys.* 9: 1-25.

Stegmüller, W. (1978): *Hauptströmungen der Gegenwartsphilosophie. Bd. I.* Stuttgart.

Stegmüller, W. (1979): *Hauptströmungen der Gegenwartsphilosophie. Bd. II.* Stuttgart.

Stegmüller, W. (1984): 'Evolutionäre Erkenntnistheorie, Realismus und Wissenschaftstheorie'. In: R. Spaemann, P. Koslowski, R. Löw (Hrsg.): *Evolutionstheorie und menschliches Selbstverständnis.* Weinheim, 5-34.

Stöckler, M. (1983): 'Realismus und Quantenmechanik. Überlegungen zu einem Evergreen der Physikphilosophie'. In: P. Weingartner, H. Czermak (Hrsg.): *Erkenntnis- und Wissenschaftstheorie. Akten des 7. Internationalen Wittgenstein-Symposiums.* Wien, 397-401.

Stöckler, M. (1984a): *Philosophische Probleme der relativistischen Quantenmechanik.* Berlin.

Stöckler, M. (1984b): '9 Thesen zum Dualismus von Welle und Teilchen'. In: B. Kanitscheider (Hrsg.): *Moderne Naturphilosophie.* Würzburg, 223-242.

Stöckler, M. (1986a): 'Philosophen in der Mikrowelt – ratlos?' *Z. f. allg. Wissenschaftstheorie XVII/1*: 68-95.

Stöckler, M. (1986b): 'EPR, Relativity and Realism'. In: P. Weingartner, G. Dorn (Hrsg.): *Foundations of Physics. 7th International Congress of Logic, Methodology and Philosophy of Science.* Wien, 301-315.

Stöckler, M. (1986c): 'Abschied von Kopenhagen? Karl Popper und die realistische Interpretation der Quantenphysik'. In: K. Müller, F. Stadler, F. Wallner (Hrsg.): *Versuche und Widerlegungen. Offene Probleme im Werk Karl Poppers.* Wien, 353-367.

Stöckler, M. (1997): *Philosophische Probleme der Elementarteilchenphysik.* Habilitationsschrift Univ. Gießen. München.

Suppes, P. (1974): 'Popper's Analysis of Probability in Quantum Mechanics'. In: P. A. Schilpp (Hrsg.): *The Philosophy of Karl Popper.* La Salle (Illinois), 760-774.

Tarozzi, G., Merwe, A. v. d. (Hrsg.) (1985): *Open Questions in Quantum Physics.* Dordrecht.

't Hooft, G. (1980): 'Symmetrien in der Physik der Elementarteilchen'. *Spekt. d. Wiss., August*: 93-110.

van Fraassen, B. C. (1980): *The Scientific Image*. Oxford.

van Fraassen, B. C. (1982): 'The Charybdis of Realism: Epistemological Implications of Bell`s Inequality'. *Synthese 52*: 25-38.

Vollmer, G. (1983): *Evolutionäre Erkenntnistheorie*. 3. Aufl., Stuttgart.

Vollmer, G. (1985): *Was können wir wissen? Bd. I: Die Natur der Erkenntnis*. Stuttgart.

Vollmer, G. (1986): *Was können wir wissen? Bd. II: Die Erkenntnis der Natur*. Stuttgart.

Vollmer, G. (1990): 'Against Instrumentalism'. In: P. Weingartner, G. Dorn (Hrsg.): *Studies on Mario Bunge`s Treatise*. Amsterdam-Atlantis, 245-259.

von Kutschera, F. (1981): *Grundfragen der Erkenntnistheorie*. Berlin.

von Neumann, J. (1968): *Mathematische Grundlagen der Quantenmechanik*. Berlin.

von Weizsäcker, C. F. (1990): *Zum Weltbild der Physik*. 13. Aufl., Stuttgart.

Wheeler, J. A. (1973): 'From Relativity to Mutability'. In: J. Mehra (Hrsg.): *The Physicist`s Conception of Nature*. Dordrecht, 202-247.

Wheeler, J. A. (1984): 'Die Experimente der verzögerten Entscheidung und der Dialog zwischen Bohr und Einstein'. In: B. Kanitscheider (Hrsg.): *Moderne Naturphilosophie*. Würzburg, 203-222.

Wigner, E. P. (1967): *Symmetries and Reflections. Scientific Essays of Eugene P. Wigner*. Bloomington.

Wigner, E. P. (1973): 'Epistemological Perspective on Quantum Theory'. In: C. A. Hooker (Hrsg.): *Contemporary Research in the Foundations and Philosophy of Quantum Theory*. Dordrecht, 369-385.

Wigner, E. P. (1983): 'Interpretation of Quantum Mechanics'. In: J. A. Wheeler, W. H. Zurek (Hrsg.): *Quantum Theory and Measurement*. Princeton, 260-314.

Zeh, H. D. (1970): 'On the interpretation of measurement in quantum theory'. *Found. Phys. 1*: 69-76.

Zeilinger, A. (2002): 'Bell's Theorem, Information and Quantum Physics'. In: R. A. Bertlmann, A. Zeilinger (Hrsg.): *Quantum [Un]speakables. From Bell to Quantum Information.* Berlin, 241-254.

Zurek, W. H. (1991): 'Decoherence and transition from quantum to classical'. *Physics Today 44 (10)*: 36. Erneute Veröffentlichung des Artikels mit neuen Zusätzen 2002 in *Los Alamos Science No. 27*: 86-109.